动物博物馆

[法]希尔维·贝居埃尔 / 著

[法]克洛蒂尔德·帕洛米诺 / 绘

陈明浩 / 译

郭　昱 / 审订

北京联合出版公司
Beijing United Publishing Co.,Ltd.

推荐序

生命是我们这颗行星——
地球上最不可思议的存在，
在目前已知的浩瀚宇宙中，
地球是唯一有生命的星球。

中国地质博物馆，国家古生物化石专家委员会　郭昱

我们的地球已经有 45 亿年的历史了，然而生命并不是在地球诞生之初就存在的。地球上出现的最早的生命，既不是动物也不是植物，而是一种更原始的生命形态，可能连完整的细胞结构都不具备。简单、原始的细胞生命占据了地球生命演化史的多数时间，当最早的植物和动物出现的时候，已经是地球诞生 30 亿年以后的事情了。复杂的生命形式一出现，便开始了轰轰烈烈的演化之路。

《动物博物馆》一书虽然是以动物演化为主题，但没有使用化石动物，而是以图鉴的方式，用现代动物讲述动物演化的故事。目前地球上已知的现生动物超过 100 万种，如果算上地质历史时期出现过的动物，种类更是天文数字，将其全部逐一罗列显然是不可能的。本书选取了现生动物中几个代表类群，按照从原始到进步的演化顺序进行介绍。

本书最大的亮点是其精美的插图，栩栩如生地展示了动物原本的姿态，比如：蛇的章节将不同蛇的花纹细节和某些习性描绘得恰到好处；昆虫的章节以蝴蝶为例，将蝴蝶的每个发育阶段的形态都配上了对应的插图，能够帮助小读者很好地理解什么是昆虫的"变态发育"。书中正文部分的每张图片都配有简短的文字解说，文字虽然不多，但都能点明每种动物最显著的特征，起到画龙点睛的作用。

限于篇幅，书中只选取了 10 个常见的动物类群串起动物演化的主线，不得不说这是一个遗憾，在美丽的大自然中还有许多其他神奇的动物类群分别演化自不同的地球历史时期，它们有着或近或远的亲缘关系，这些都需要小读者们在书外面的世界自己去探索。

序言

探索动物世界

　　让我们登上时光机器，一起回到过去，回到生命的起点，来一场探索物种演化的漫长旅程。

　　那时，第一批动物才刚刚出现在地球上，而恐龙的诞生还是很久之后的事情。

　　书中的每一章、每一页，将带领我们穿越到地球的各个历史时期，去追寻动物王国的发展，探索新物种的诞生，发现它们非凡的多样性，了解它们在生命之树中的位置。

　　根据最新的生物分类方法，即系统发生学分类，科学家们依据动物之间的亲缘关系对动物进行了分组，同一类动物不一定相似，甚至第一眼看上去没有任何的共同点（如鳄鱼和鸟类，又或者是大象和海牛），但它们却拥有共同的祖先。这种分类方法有利于我们更好地了解动物的演化。

　　让我们一起踏上探索动物王国的奇幻之旅吧！你准备好了吗？

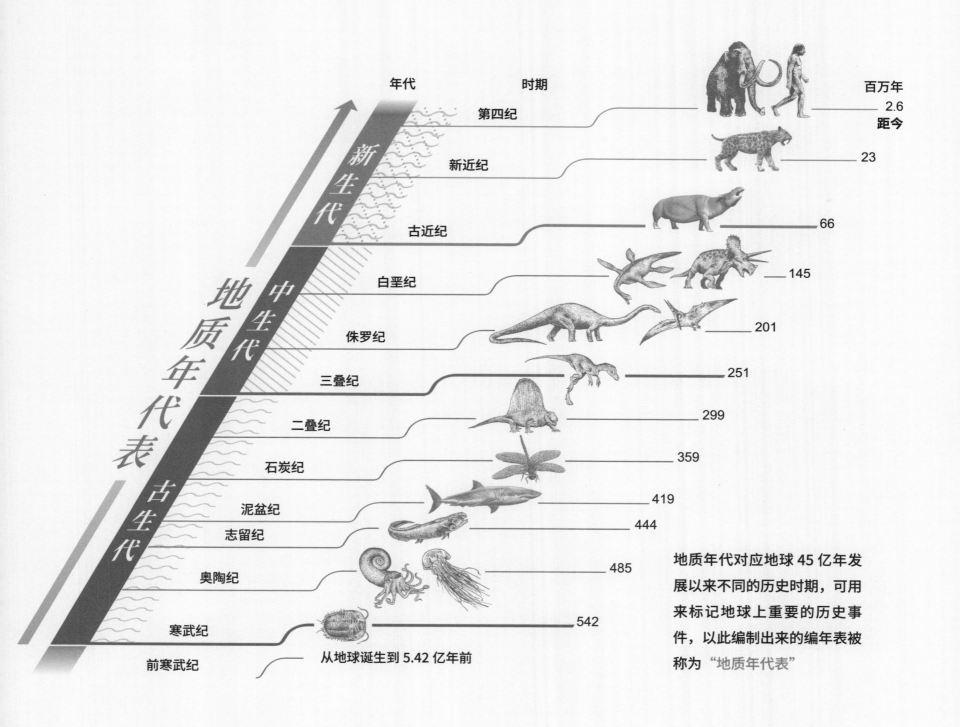

年代　　　时期

新生代

地质年代表

中生代

古生代

第四纪 —— 2.6 距今

新近纪 —— 23

古近纪 —— 66

白垩纪 —— 145

侏罗纪 —— 201

三叠纪 —— 251

二叠纪 —— 299

石炭纪 —— 359

泥盆纪 —— 419

志留纪 —— 444

奥陶纪 —— 485

寒武纪 —— 542

前寒武纪　　从地球诞生到5.42亿年前

百万年

地质年代对应地球45亿年发展以来不同的历史时期，可用来标记地球上重要的历史事件，以此编制出来的编年表被称为"地质年代表"

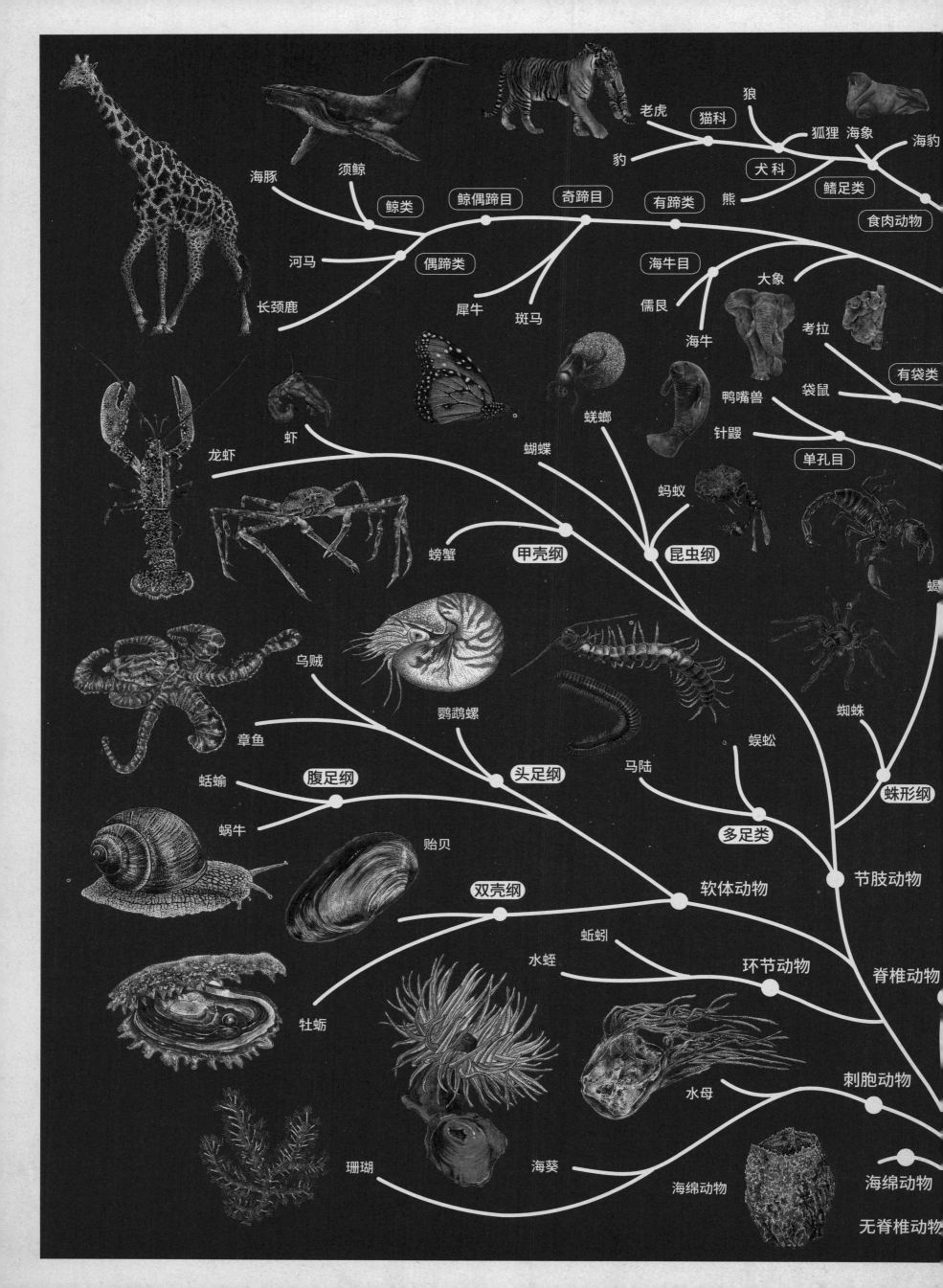

长颈鹿

海豚　须鲸

鲸类　鲸偶蹄目　奇蹄目　有蹄类

河马　偶蹄类

犀牛　斑马　海牛目

老虎　狼
猫科
豹　狐狸　海象　海豹
犬科　鳍足类
熊
食肉动物

大象
儒艮　考拉
海牛　袋鼠　有袋类
鸭嘴兽
针鼹
单孔目

龙虾

虾

蝼蛄　蜣螂
蝴蝶

螃蟹　甲壳纲　昆虫纲

蚂蚁

乌贼

鹦鹉螺

章鱼

蛞蝓　腹足纲　头足纲

蜈蚣
马陆
多足类

蜗牛

贻贝　双壳纲　软体动物　蜘蛛　蛛形纲

节肢动物

蚯蚓
水蛭
环节动物　脊椎动物

牡蛎

珊瑚　海葵　水母
海绵动物　刺胞动物

海绵动物

无脊椎动物

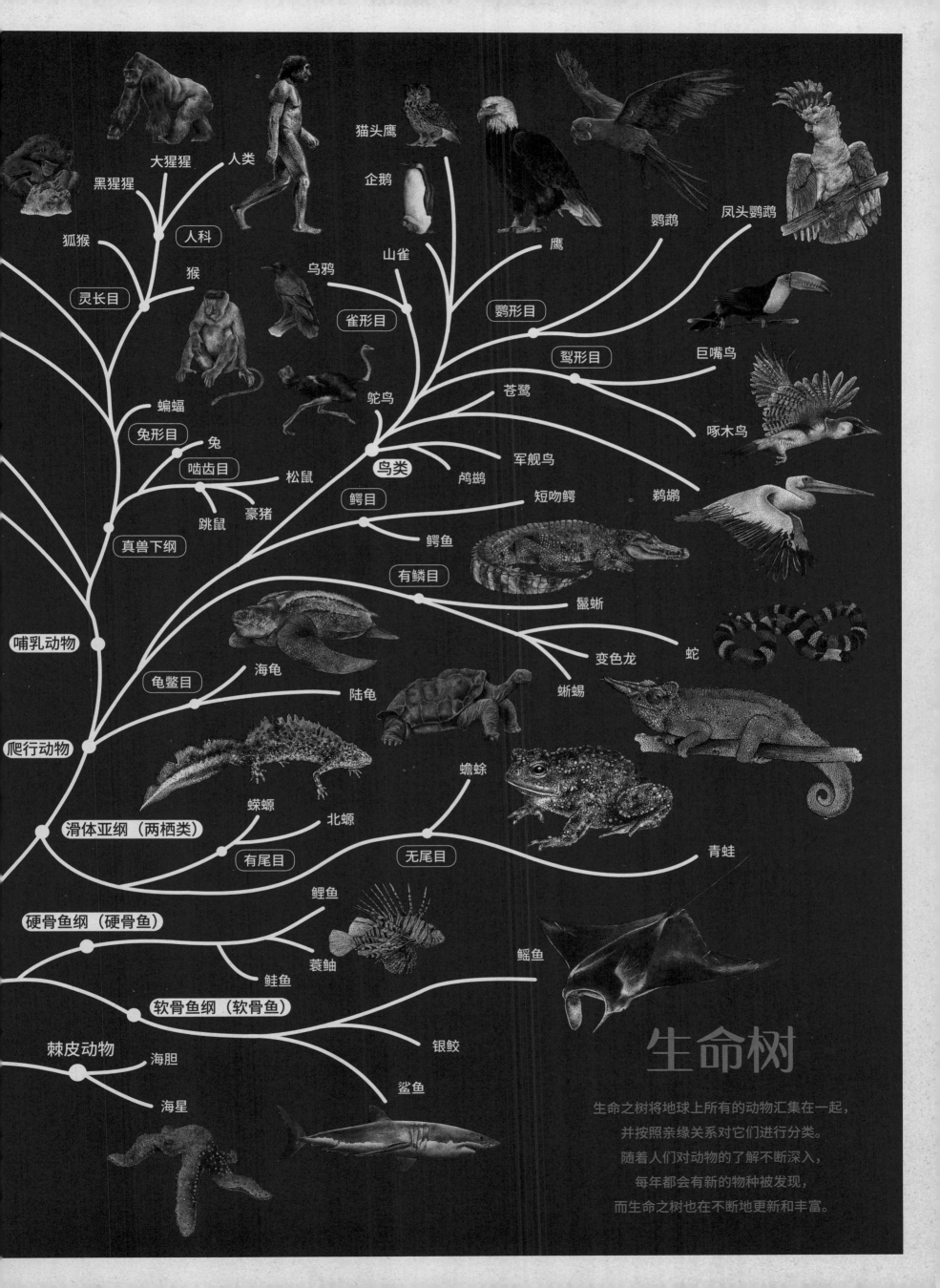

生命树

生命之树将地球上所有的动物汇集在一起,
并按照亲缘关系对它们进行分类。
随着人们对动物的了解不断深入,
每年都会有新的物种被发现,
而生命之树也在不断地更新和丰富。

海洋动物的"先驱者"

海绵动物和刺胞动物

海绵动物和刺胞动物

海洋动物的"先驱者"

大约在 6.5 亿年前，在大海中，动物演化的故事才刚刚开始上演……那时，低等动物出现了，它们既没有神经系统，也没有器官。这一类动物被称为海绵动物，它们无法移动，大部分固着生活，以悬浮的有机颗粒和细菌为食。它们的色彩极为丰富，且形态各异（有块状的、管状的、扇状的，甚至还有分叉状和球状的，等等）。今天，海绵动物遍布全球所有的海洋以及淡水水域，在涵盖了地球上所有动物的生命之树中，海绵动物属于最低等、最初级的分支之一。

后来，刺胞动物诞生了，这类群体包括珊瑚、海葵和水母。珊瑚和海葵是固着生活，而水母则能够通过自身伞状体的一张一合，在水中自由移动。这类水生动物虽然形态多样，但它们却有一个共同点，那就是它们都具备"武装"——含有大量刺细胞的触手。只要稍微碰触，它们便会通过刺针喷射毒液，这种毒液会让人产生强烈的灼伤感，有的物种甚至能致人死亡。

大部分刺胞动物为肉食性动物，如果猎物不幸触碰到它们的触手，则很有可能会被立即击中，然后中毒瘫痪，最后再被送入它们身体上唯一的开口处，这个开口处便是它们的嘴巴，而这同时也是肛门！

虽然具备有毒的刺细胞，但有些刺胞动物会和其他动物共生。在这样共生的关系中，两类动物相互依赖，彼此有利，正如海葵与小丑鱼之间互利的共生关系。据统计，目前地球上有超过 10 000 种的刺胞动物。

海绵动物

1. 桶状海绵，加勒比海域最大的海绵动物，高 2 米，直径 1～2 米。

2. 象耳海绵，地中海特有物种，直径超过 50 厘米，是一种可供人们洗刷时使用的天然海绵。

刺胞动物

3. 堆积成枝状的地中海红珊瑚遗骸，被视为极其珍贵的珠宝，如今已非常稀少。

4. 加勒比海域中的鹿角珊瑚，每年会生长 5～10 厘米，由于它的分支形似鹿角，因此被命名为"鹿角珊瑚"。

5. 脑珊瑚，位于加勒比海和墨西哥湾，其直径可达 1 米。

6. 等指海葵，也被称为"海中番茄"，身上长有 200 只触手。当它们收缩时，像极了一颗小小的番茄。

7. 因为有了黏液的保护，小丑鱼可以免受海葵毒素的伤害。它们会在海葵的触手中找到一处安身之地。同时，作为交换，小丑鱼也会帮助海葵抵御捕食者。

8. 澳大利亚箱形水母，俗名海黄蜂。这是一种非常危险的生物，它们的剧毒可以在几分钟内置人于死地。

9. 海月水母，一种十分常见的水母品种，除了极寒冷的极地海洋以外，在其他的海域均可以看到它们的踪影。

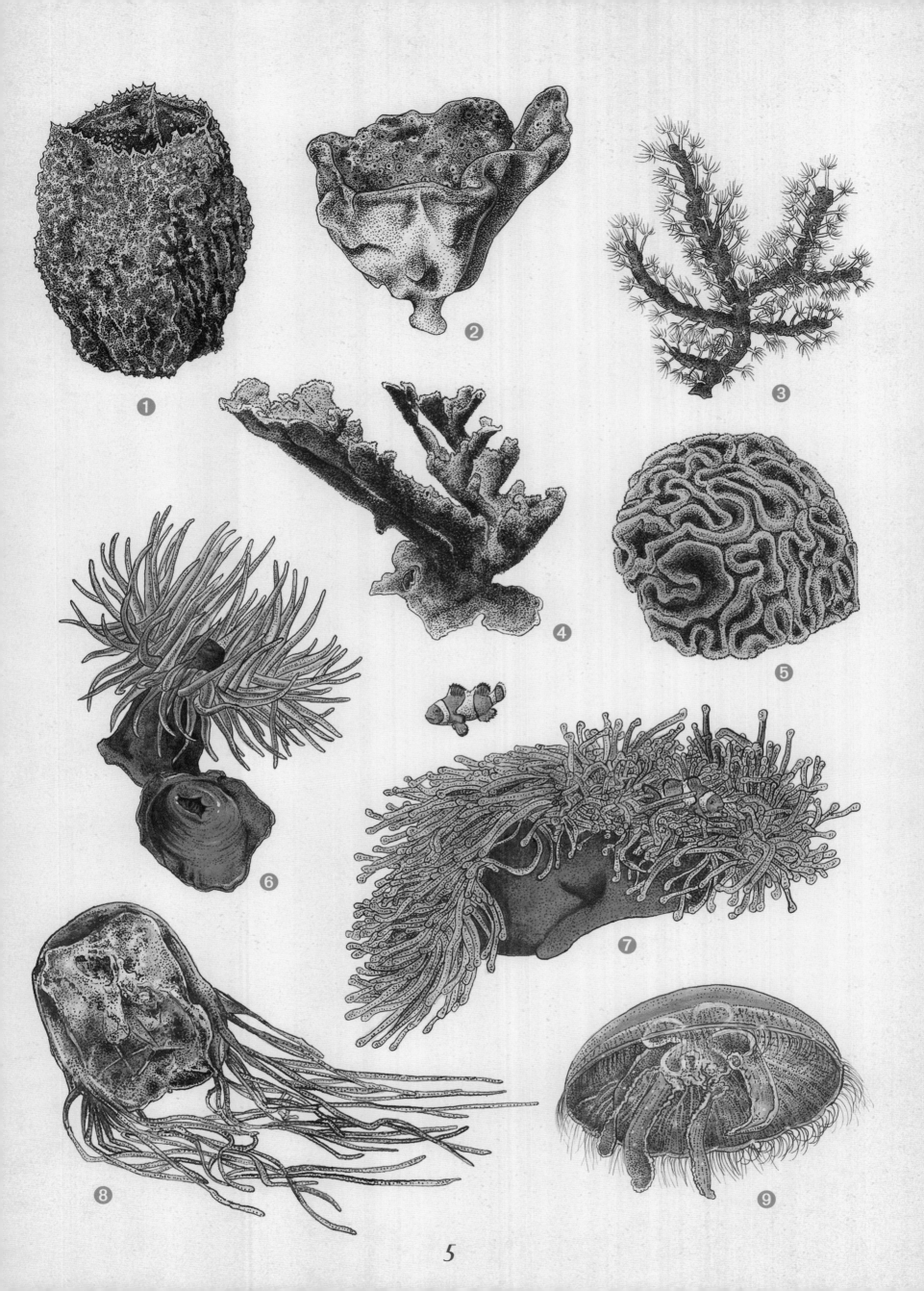

不可思议的多样性

软体动物

头足纲

腹足纲

软体动物
不可思议的多样性

让我们一起回到 5.42 亿年前，那时地球刚进入古生代初期（古生代结束于 2.51 亿年前），软体动物开始登上动物王国的舞台。它们诞生于大海中，然后逐步征服淡水水域和陆地环境。

软体动物的多样性十分丰富，不同类群在形态、颜色和生活方式上都各有特点。在众多类群中，最常见的要数双壳纲（身体由两瓣贝壳保护，具体见下页）、头足纲（见第 10 ～ 11 页）和腹足纲（见第 12 ～ 13 页）。

它们的共同点是什么呢？就是它们都拥有由三个部分组成的柔软身体：头、足和内脏团（各种内脏器官集中处的总称）。

双壳纲软体动物均为水生动物，它们几乎遍布世界各地的海洋，以及淡水水域。双壳纲软体动物的形态多种多样，最小的仅有几毫米长，而最大的可达一米多长。这个家族中的巨人是库氏砗磲（chē qú），它们中的大型贝壳甚至可以重达 300 千克！双壳纲软体动物的两片贝壳通过绞合部连接，由于绞合部具有柔软的韧带，因此两片贝壳可以自由张合。

许多双壳纲软体动物能够借助足部，躲藏在海沙和淤泥中〔如蚶（hān）子和竹蛏（chēng）〕，而有的物种则能够固定在岩石上固着生活〔如贻贝和牡蛎（mǔ lì）〕。扇贝可以通过贝壳的张合，借助排水的力量形成驱动力，做短促的移动。

大部分双壳纲软体动物的进食方式为滤食水中的浮游植物（随水漂流的微小植物）。

尽管有贝壳的保护，但这些软体动物依然避免不了被水中的捕食者（如海星、章鱼、鱼类）、海洋哺乳动物和海鸟捕食。

双壳纲软体动物

1. 竹蛏凭借其强有力的足部，可以在一瞬间垂直钻入数十厘米深的海沙中。

2. 库氏砗磲，生活在红海、印度洋和太平洋的珊瑚礁中，是双壳贝类之王。人们曾在库氏砗磲中找到了世界上最大的珍珠，其重量超过 7 千克！

3. 分布在南太平洋的猫舌海菊蛤并不惧怕捕食者的侵略，因为它们的贝壳上长有长长的棘状突起，既可以用来伪装，又能起到保护和防身的作用。此外，它们还可以牢牢固定在坚硬的基质上面。

4. 黑唇珠母贝直径可达 30 厘米，重 5 千克。它们可以生产灿烂夺目的黑珍珠。

5. 河蚌一般生活在淡水湖泊和河流的水底。它们当中有些长度超过 20 厘米，寿命可达一个多世纪。

6. 为了躲避捕食者，鸟尾蛤可以借助弯曲的足部，进行短促的跳跃。

7. 扇贝在面对捕食者——海星时，几乎毫无招架之力。海星能凭借其腕部的力量，将扇贝的壳掰开，然后把胃从口中翻出，伸入扇贝的壳内，之后它便开始慢慢消化眼前这只可怜的猎物了。

头足纲
"足在头上"

　　头足纲动物全部为海生，是非常奇特的动物：它们的足分为多个腕，将口腔包围住。头足纲的外文名"Cephalopoda"来源于希腊语中的"képhalé"（头）和"podos"（足）。

　　头足纲动物的眼睛结构复杂，口中有一对形似鹦鹉喙的角质颚，腕上附有吸盘（鹦鹉螺除外）。它们的神经系统经过高度演化后，大脑比其他软体动物更发达。当然，除了这些共同点之外，头足纲动物的每个物种之间也很少有相似的地方。

　　有些物种拥有螺旋形的外壳，如鹦鹉螺；而有些物种则具有内壳，如乌贼和鱿鱼；还有的物种完全没有壳体，如章鱼。章鱼有八条腕；乌贼和鱿鱼有十条腕，其中包括两条更长且能收缩的触腕；而鹦鹉螺却有十二条腕。乌贼和鱿鱼的身体狭长、扁平，呈锥形，且身体两侧长有鳍；而章鱼的身体呈卵圆形，没有鳍。

　　头足类动物在必要的情况下，能够借助反作用力，迅速变身为优秀的"游泳运动员"：它们可以通过收缩身体，将水喷射出去，形成反作用力，从而推动身体向前运动。此外，它们还能在海底匍匐而行。

　　这类动物还是高效的捕食者，它们可以用腕捕捉猎物，然后再用角质颚将猎物撕碎。

　　许多头足类动物不但能够改变身体的颜色，还可以改变其皮肤的结构（使皮肤变得光滑或有褶皱），从而更好地与生存的环境融为一体。有些章鱼则是天生的"伪装模仿艺术家"，它们能够利用身体和腕部模仿岩石、植物，甚至是其他动物！

1. 为了躲避捕食者，拟态章鱼可以将自己伪装成其他物种的形态，比如有毒的海蛇或是蓑鲉（suō yóu）。这种海洋生物不愧是海底的"伪装高手"！

2. 条纹蛸（shāo）有一个奇怪的习惯，就是它们喜欢利用椰子壳来保护和伪装自己，因此又被称为椰子章鱼。

3. 蓝环章鱼的毒液甚至可以致人死亡！每当这类章鱼感到危险时，身上就会显露出亮丽的蓝色圆圈，其传递出的信号十分明显：走你的路，别碰我，我有毒！

4. 鹦鹉螺的外壳呈螺旋形，由许多腔室组成，这些腔室有的用来存放身体，有的则充满了水和气体。它们可以通过控制腔室内气体和水的比例，来完成身体在水中的升降，从而移动到自己想到的位置。

5. 同章鱼和鱿鱼一样，乌贼在遇到危险的时候，会投射出一团黑色的墨水，这是一种非常高明的转移逃生策略！

6. 大王酸浆鱿拥有世界上最大的眼睛，其直径可达40厘米，几乎是排球的两倍！

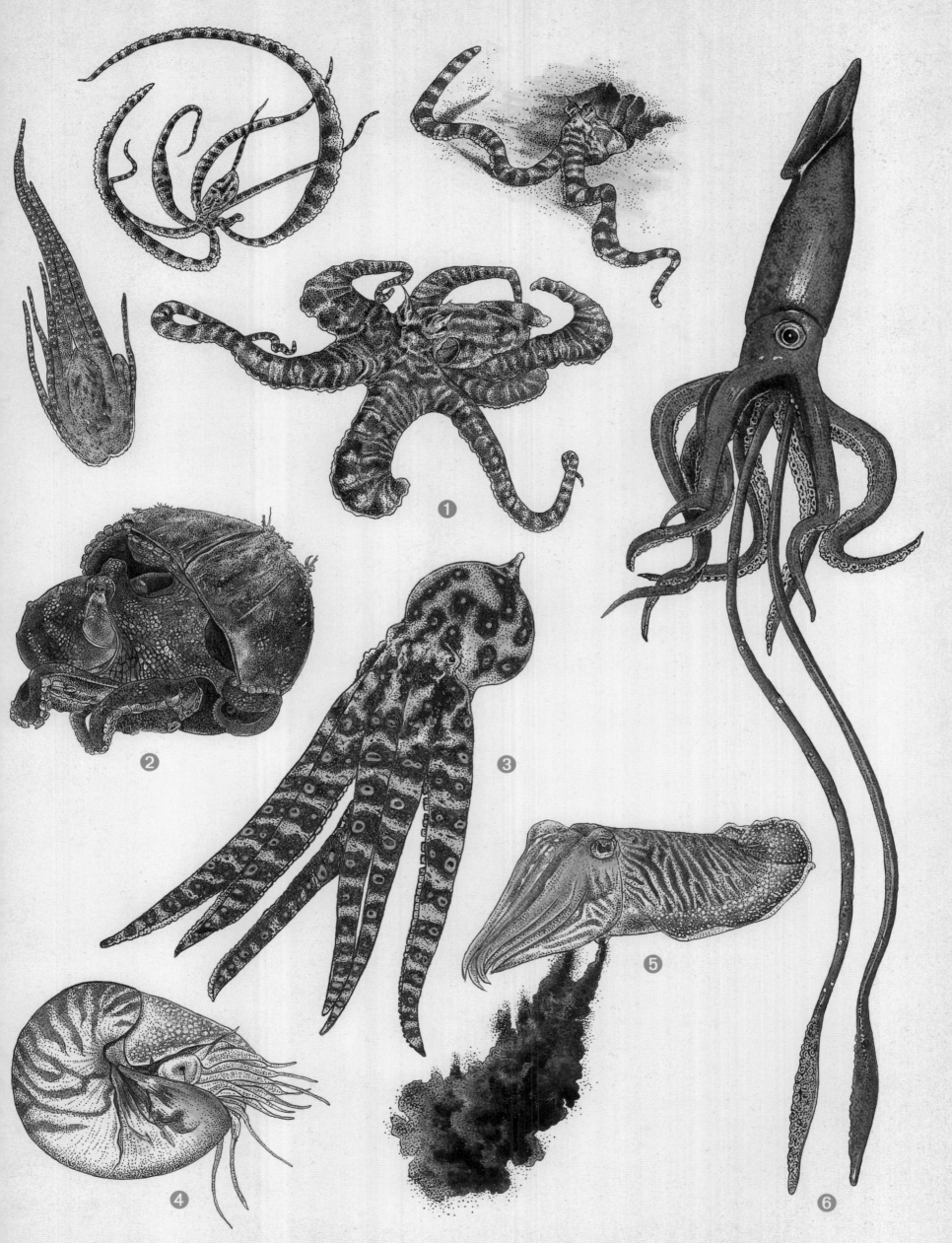

腹足纲
从海洋到陆地

　　头足纲动物的足长在头上，而腹足纲动物的足则长在腹部。腹足纲的外文名来源于古希腊语"gaster"（腹部）和"podos"（足），与它们的身体构造形式相吻合。腹足纲动物的足部肌肉很发达，呈扁平状，主要用于移动。它们的头部长有一对或两对触角、一对眼，口中有长着细齿的舌，被称为齿舌。

　　海洋中的腹足纲动物通过鳃进行呼吸，而陆地上的腹足纲动物和一些淡水蜗牛则通过肺来呼吸。除了少数物种，如蛞蝓（kuò yú）以外，大部分的腹足纲动物背部都长有一个壳，且壳的尺寸大小、颜色和形态各异。

　　这类软体动物的物种数量可达到数千种之多，在全球各地均有分布，遍布海洋、半咸水或淡水水域，以及陆地（喜好潮湿的环境）。在饮食方面，有的物种为肉食性，有的为植食性，而有的则为腐食性（以死亡动物为食）。

　　临近冬日的时候，陆生蜗牛便会钻入土中，开始数月的冬眠。每当冬眠时，它们的身体会分泌出一种钙质黏液，这种黏液一旦遇到空气就会固化，将壳口封住，以便抵御寒冷和地下昆虫的侵袭。到了夏天，如果遇到干旱天气，它们会用一种薄膜将壳口封住，以避免脱水，这也就是我们所说的夏眠。

　　许多腹足纲动物，如蜗牛，都属于雌雄同体生物，意思就是它们同时具备雌性和雄性生殖器官。不过它们同样也需要通过交配才能完成授精，交配双方各自扮演雄性或雌性的角色。

水生腹足纲动物
（海洋及淡水水域）

1. 帽贝的贝壳形似斗笠，它们能紧紧地黏附在岩石上，以避免在退潮时变干。

2. 鲍鱼的外壳备受追捧：光泽夺目，呈现出美丽的珠光，与蓝、绿色交相辉映。

3. 宝螺的贝壳表面光滑，且颜色和花纹十分丰富：
　a. 花鹿宝螺；
　b. 黑星宝螺；

c. 玛瑙宝螺。

4. 杀手芋螺是一种毒性很强的海蜗牛。为了杀死猎物，它们会将有毒的齿舌射入猎物的体内，这种齿舌是名副其实的毒箭。

5. 海蛞蝓（kuò yú）以海绵动物为食，每当遇到危险时，它们会发射出有毒的物质。

6. 静水椎实螺是一种淡水蜗牛，它们的身上长有肺，会定期浮到水面呼吸。

陆生腹足纲动物

7. 由于壳体上长有毛刺，这种分布在欧洲森林中的毛蜗牛非常容易辨认。

8. 勃艮第蜗牛利用黏液和土的混合物将卵覆盖，以保证受精卵的潮湿。

9. 大蛞蝓（kuò yú）的颜色丰富多样，有橙黄色、黑褐色等。每当受到威胁时，它们会收缩成半球形。

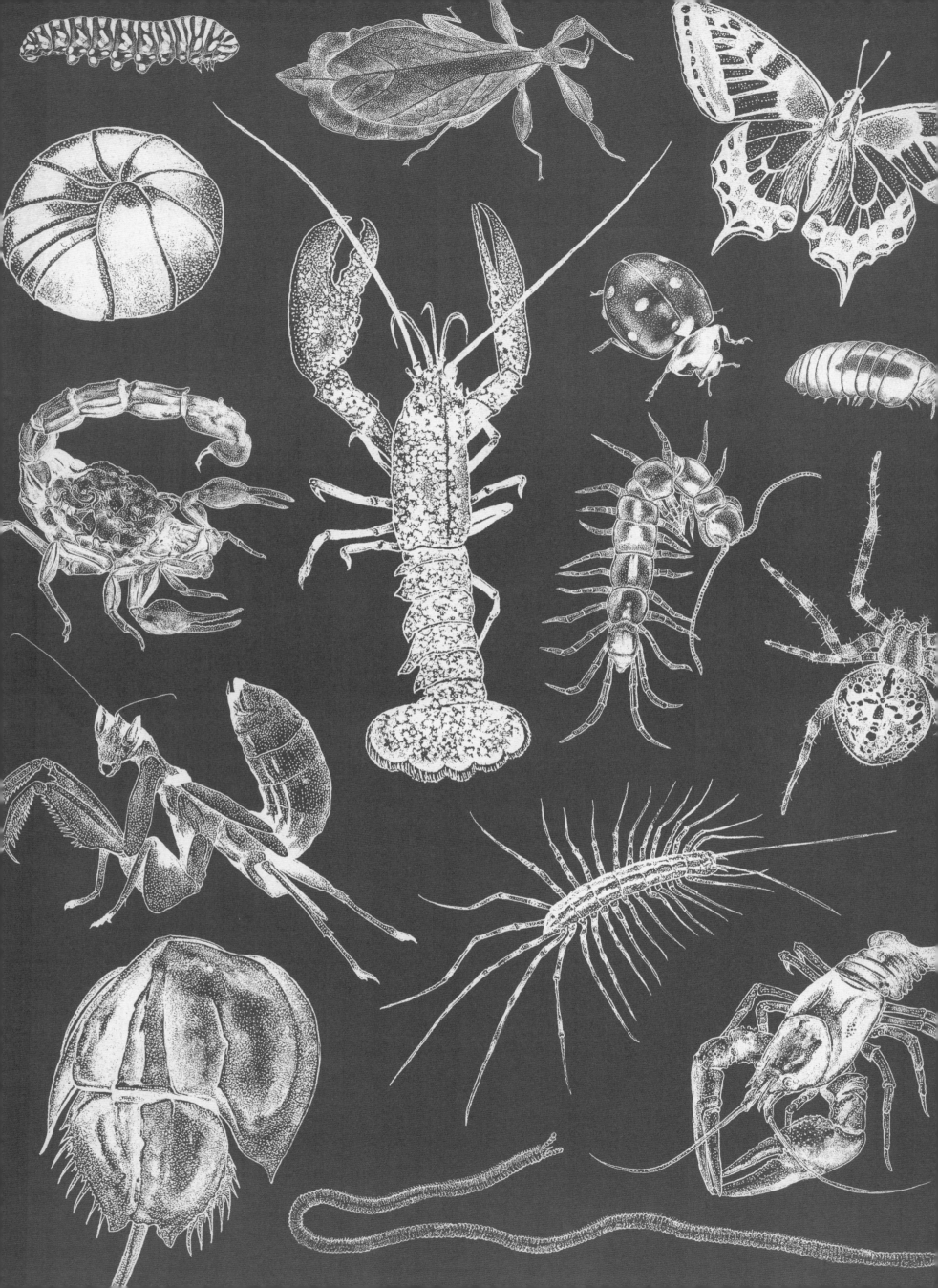

征服陆地和天空

节肢动物

甲壳纲

蛛形纲

昆虫纲

不可思议的小昆虫

节肢动物

征服陆地和天空

在古生代初期，动物的多样性呈现蓬勃发展的势态。与软体动物一起诞生的其他物种群体，其中就包括节肢动物。节肢动物是第一批登上陆地的物种，也是唯一在演化过程中掌握了飞行技能的无脊椎动物。

这个大家族由一大批形态各异、令人惊奇的小动物组成，如多足纲（见下页）、甲壳纲（见第 18～19 页）、蛛形纲（见第 20～21 页）和昆虫纲（见第 22～25 页）。今天，我们所看到的节肢动物尺寸都比较小，但是在古生代时，曾出现过巨型节肢动物。想象一下 2 米长的蝎子，3 米长的蜈蚣，或是 70 厘米翅展的蜻蜓，是不是很可怕呢？

在希腊语中，节肢动物"arthropod"的意思是"分节的脚"。由此可见，这类动物的名称与它们分节的足有关。所有的节肢动物都有一个保护它们的外骨骼（外部坚硬的保护结构），其身体由一系列体节构成，各体节的形态或多或少都有些差异。

这类动物是地球上最大的一个动物分支，全世界已经记录了超过 150 多万种的节肢动物，其中绝大部分为昆虫。

多足纲动物属于陆生节肢动物，它们狭长的身体由多个体节构成，每个体节上长有一对或两对附肢。其头上长有一对天线似的触角，口器由颚组成。由于它们附肢的数量看上去难以估计，所以常常被人们称为千足虫。事实上，它们并没有一千只足，不过有些物种的附肢数量竟也达到了数百只！

多足纲动物在世界各地均有分布，体形最大的主要生活在热带地区。

多足纲动物

1. 这种美国千足虫（学名 Illacme Plenipes）是世界上足最多的动物，它们一般长 2～4 厘米，竟然拥有 375 对足！

2. 蚰蜒（yóu yán）的爬行速度非常快，它们可以迅速钻入或攀爬到任何一处地方，尤其是当它们发现猎物的时候。

3. 球马陆是一种腐生生物，它们以腐烂的植物为食。在遇到危险的情况下，它们会将身体蜷曲成球状。

4. 和其他的多足纲动物一样，石蜈蚣喜好潮湿、阴暗的环境，并会在白天隐藏起来。它们通过追赶捕捉猎物，再用毒液将猎物杀死。

5. 马达加斯加猩红马陆在遇到捕食者时，会将身体蜷曲成螺旋状，然后喷射出一种带有刺激性，且令人作呕的有色液体。

6. 生活在南美洲和安的列斯群岛的巨人蜈蚣长达 40 厘米。遇到它们时，可千万要注意！因为它们有毒，而且具有攻击性。它们的食物包括蜥蜴、青蛙、鸟等。

海生节肢动物

7. 鲎（hòu）因其自身甲壳特殊的形状，常被人称为"马蹄蟹"，不过它们和甲壳类动物的关系远不如和蜘蛛、蝎子密切。

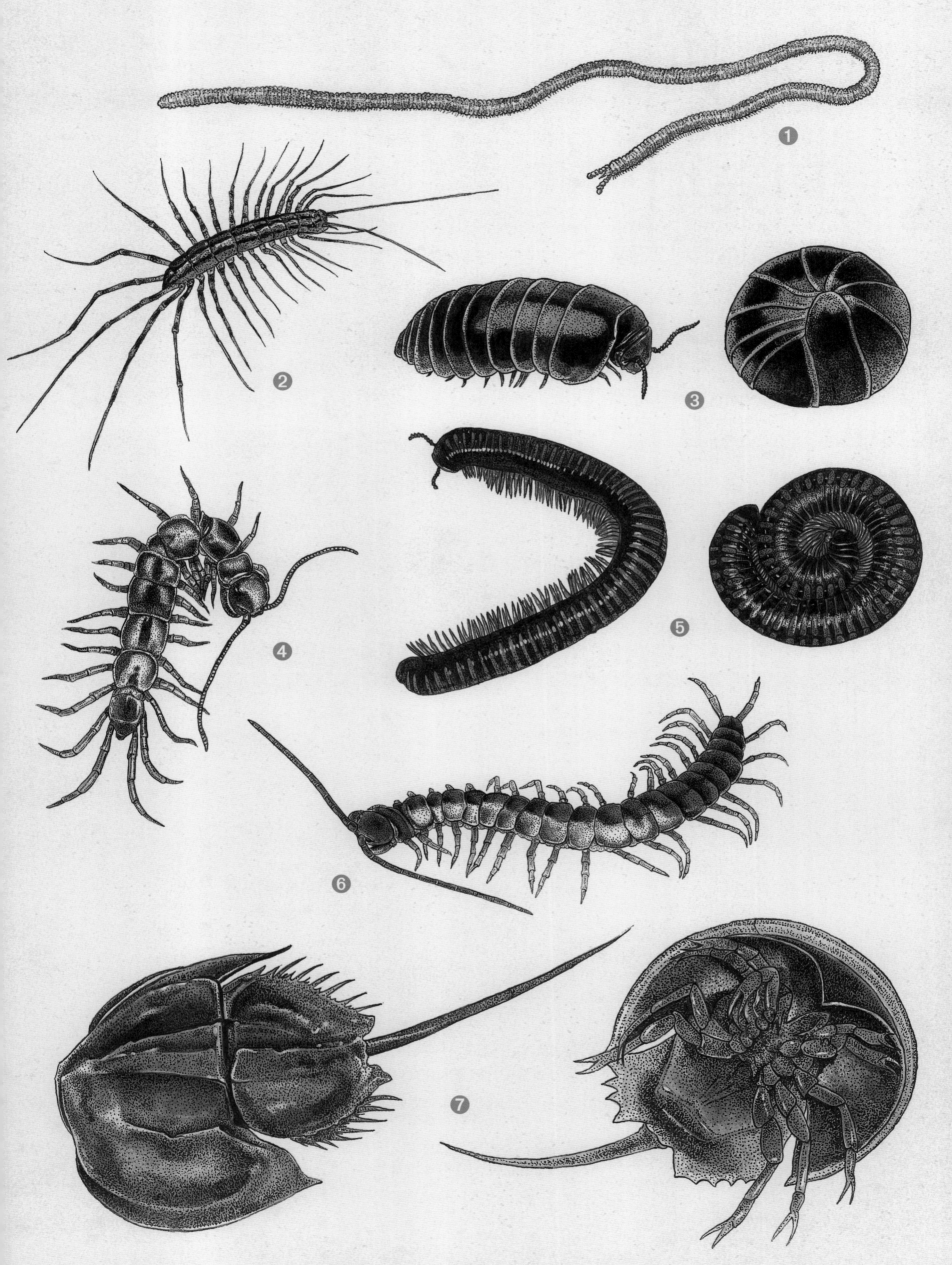

甲壳纲

繁盛兴旺的大家庭

大多数的甲壳纲动物属于海生动物，它们分布于世界各地的海洋中；还有一部分生活在淡水水域，如河流、湖泊和池塘；另外，有少数物种则生活在陆地上，如鼠妇。

甲壳纲是一个拥有 5 万多类物种的大家庭，它们形态多样，尺寸大小不一。最小的不到 1 毫米，而最大的附肢展开可长达好几米。

在这个大家庭中，尺寸最小的成员是桡足类，它们是一种微小的浮游甲壳动物（随水而浮动漂流）或底栖甲壳动物（栖息在海底）。而尺寸最大的海洋节肢动物是来自日本的巨螯蟹，最大的陆生节肢动物是椰子蟹。

甲壳纲动物拥有两对触角、一对颚（用于夹持和碾碎猎物的口器）、一个不软不硬的外壳，其身体由许多体节构成，每个体节上几乎都有一对附肢。它们通过鳃来进行呼吸。

在生长过程中，甲壳纲动物的身体会不断增大，但甲壳却不会增大，因此它们一生中要经历好几次换壳。脱下来的外壳被称为"蜕"。在蜕壳期间，甲壳纲动物很容易受到外界的攻击，因为在这个阶段，它们的外壳还是软的，因此很容易成为其他动物捕食的对象。

大部分甲壳纲动物可以行走或游动，而藤壶等少数物种则永久固着生活。甲壳纲动物会捕食活物、死尸，甚至是各种碎屑，有时逮到什么就吃什么，属于"机会主义者"。而固着生活的物种则主要通过过滤水中的浮游生物为食。

海生甲壳纲动物

1. 藤壶一般附着在岩石上生活，但有时也会附着在较大螃蟹的体表或船底。

2. 寄居蟹没有自己的甲壳，为了保护自己，它们会钻入其他软体动物的空壳内。一旦身体长大，壳变得狭窄时，它们就会换一个更宽敞的壳。

3. 和螃蟹一样，欧洲龙虾长有一对螯。一只螯似剪刀，长而锋利，用来剪切猎物；另一只似锤子，短而厚实，用来捣碎猎物。

4. 日本巨螯蟹重量可达 20 千克，其腿展开后可达 4 米，它们是现存最大的节肢动物。

5. 花纹细螯蟹具有独一无二的防御技能：它们挥舞着螯足上抓住的海葵，以震慑敌人！

淡水甲壳纲动物

6. 奥斯塔欧洲螯虾看起来就像一只小型的龙虾，不过与后者不同，它们生活在淡水中，而且能倒退着行走。

陆生甲壳纲动物

7. 鼠妇在欧洲的分布十分广泛，大部分生活在潮湿的地方，属于厌光（躲避阳光）生物。每当受到威胁时，它们会将身体蜷曲成一个近乎完美的球。

8. 椰子蟹因喜欢吃椰子的果肉而得名，这类巨型甲壳动物重达 4 千克，长达 40 厘米，腿展开时可长达 1 米。尽管体形较大，但它们却是爬树高手。

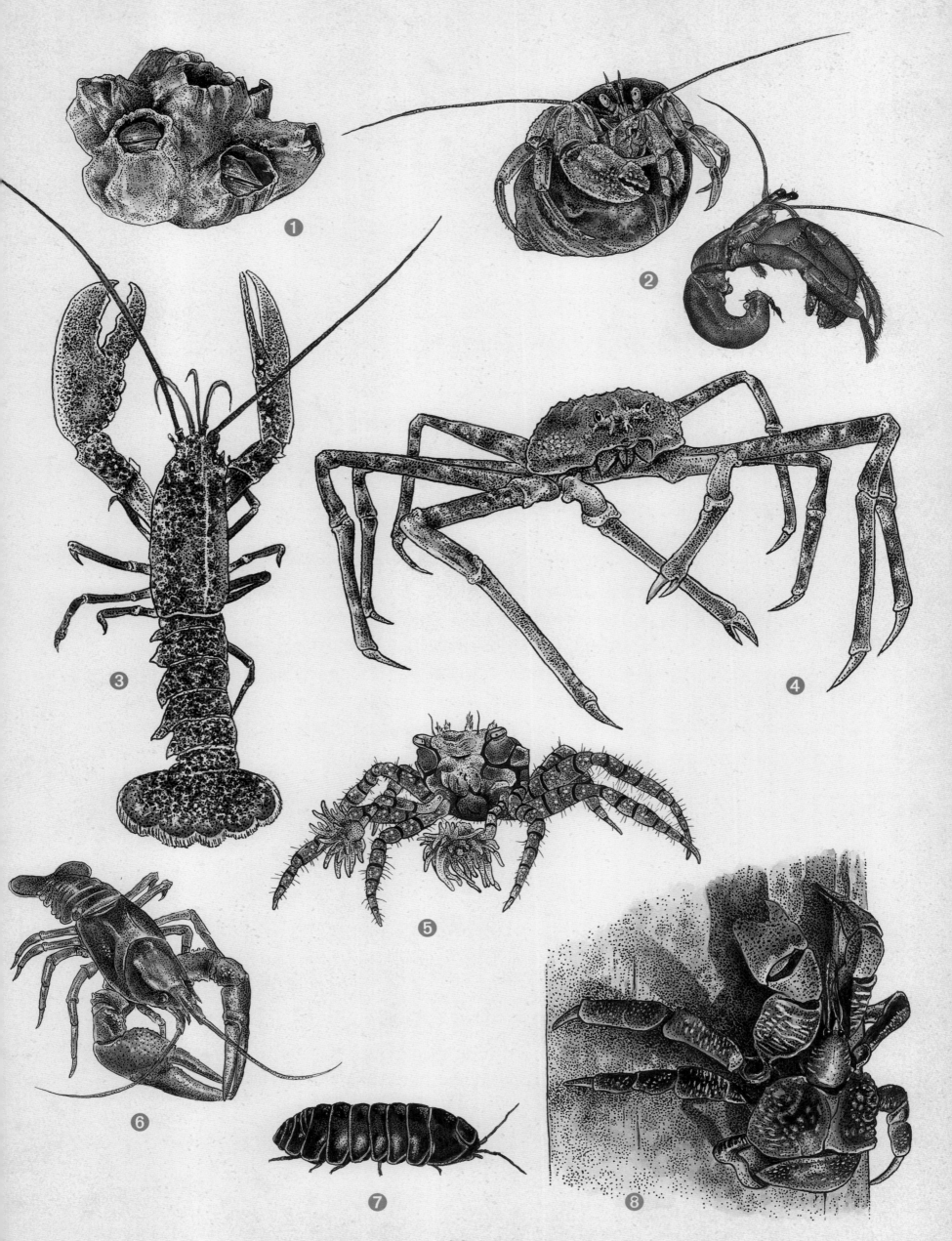

蛛形纲

强大的捕食者

蜘蛛、蝎子和螨虫是蛛形纲中最常见的动物。大部分蛛形纲为陆生动物，少数蛛形纲为水生动物。

它们的共同点是身体由两部分构成：腹部和头胸部（头部和胸部组合在一起）。口器上有一对螯肢，形似钳子，用于咬住猎物。而蜘蛛的螯肢则更像是钩子，与毒腺连接。螯肢的后面长有须肢，具有触感，能协助摄食（蝎子的须肢可以充当钳子使用），雄性蜘蛛的须肢上携带有交配器官。这类动物均依靠四对足行走，而吐丝的蛛形纲动物还会利用这些足操作丝线。

除了以上特征，蛛形纲动物均没有触角和翅膀。而且与大部分昆虫相比，蛛形纲动物的眼睛相对简单，没有复眼，有的物种甚至连眼睛都没有。

蜘蛛和蝎子是强大的捕食者，而且每个物种都有自己喜好的猎物。大部分物种以昆虫和昆虫的幼虫为食，而大型蛛形纲动物的食物则要丰富得多，如鸟类、啮齿动物、蜥蜴、青蛙，甚至是小型的蛇类。

在发情期，雄性会主动追求雌性。雄性蝎子通过跳舞来完成求爱表演，雄性蜘蛛则是将捕获的猎物送给雌性，以作定情之物。交配完毕后，雄性会快速逃离现场，毕竟在这类物种中，"新娘"活生生将"新郎"吞食掉是时有发生的事。

1. 篦（bì）子硬蜱（pí）是一种吸血动物，它们会紧紧吸附在宿主身上，以吸食血液为生（它们的宿主包括哺乳动物、鸟类，以及人类！）。除了吸血以外，这类不受欢迎的小虫子还会传播疾病。

2. 生活在亚马逊森林的巨型食鸟蛛是目前世界上已知最大的蜘蛛，它们中最长的可达 30 厘米（包括足部的长度），最重可达 170 克。

3. 水蛛一般生活在水中，因其织的网形似钟罩而小有名气。为了呼吸，它们会在网下面储存气泡，这些气泡是它们浮出水面时，依靠腹部绒毛携带下来的。

4. 十字园蛛腹部长有十字形花斑，因此非常容易辨认。它们是"织网艺术大师"，能够织造出垂直于地面的大型几何造型的蜘蛛网。

5. 美国黑寡妇蜘蛛是一种具有强烈毒素的蜘蛛，不过令它们名声在外的主要原因是，雌蛛有交配后吃掉雄蛛的习惯。

6. 和其他蝎子一样，地中海黄蝎会将幼体携带在自己的背上。

7. 帝王蝎是世界上体形最大的蝎子之一，长度可达 20 厘米。不过，它们并不是最危险的，有人甚至还将它们当作宠物饲养。

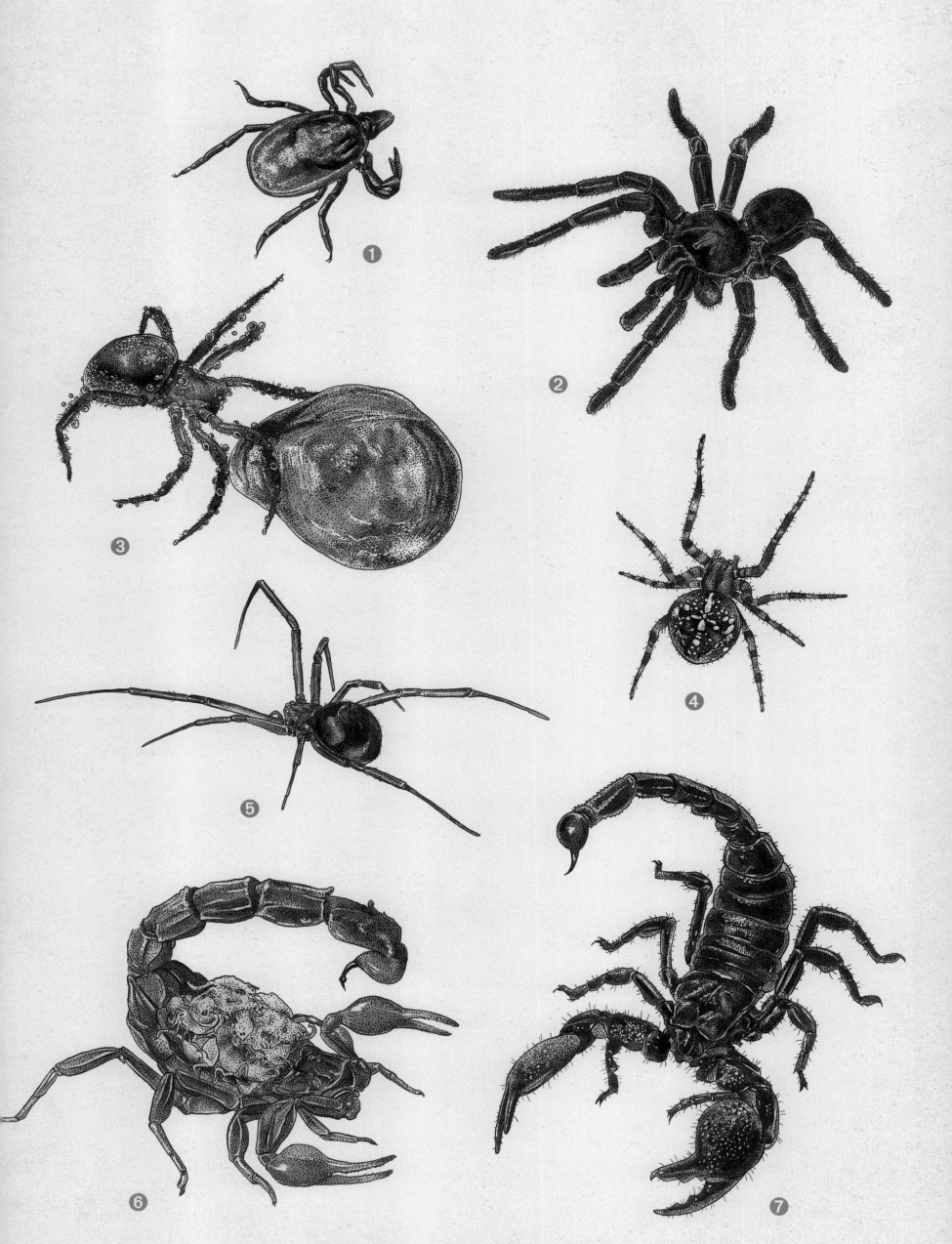

昆虫纲
地球上数量最多的动物群体

现在，让我们来到石炭纪，这个时期始于 3.59 亿年前，终于 2.99 亿年前。当时，所有的大陆都连成一片，形成超大陆，即盘古大陆。在一片片一望无际的茂密针叶林和巨型蕨类植物森林中，在宽广的沼泽地里，许许多多的昆虫正不断演化，而第一批爬行动物才刚刚开始出现。

那时候，许多节肢动物的尺寸都巨大无比，森林里栖息着庞大的蜈蚣、硕大的蜘蛛和如同野兽般的蝎子。当然，昆虫也不例外，蟑螂演化成了巨人，而巨脉蜻蜓正在捕食爬行动物！拥有梦魇般巨翅的飞行昆虫是当时天空中的王者。

如今，这类动物的尺寸已经小了许多，它们是目前世界上已知数量最多的群体，也是多样化最丰富的节肢动物。它们能适应地球上最恶劣的气候，其生活领地几乎遍布全世界。目前，已记录在册的昆虫纲物种数量多达 100 多万种，而且还有许多物种尚待发现。

昆虫纲动物分为 30 多个种类，这里仅举几例来说，主要有鞘（qiào）翅目（瓢虫、金龟子等）、双翅目（苍蝇、蚊子等）、鳞翅目（蝴蝶）、蜻蛉（líng）目（蜻蜓、豆娘等）、膜翅目（蜜蜂、胡蜂、蚂蚁等）、半翅目（陆生和水生臭虫）、同翅目（蝉、蚜虫等），以及直翅目（蚱蜢、蝗虫、蟋蟀等）。

成年昆虫的身体由三部分构成：头、胸部和腹部，它们拥有三对足、一对触角、一对复眼和两到三只单眼，以及一到两对翅膀，也有少数比较原始的物种没有翅膀。

成年之前，昆虫须经历一系列的身体变化，即变态过程，比如大家比较熟悉的蝴蝶一生所经历的四个阶段：卵、幼虫、蛹、成虫（即成年蝴蝶）。

金凤蝶，又称黄凤蝶，是世界上最大、最漂亮的蝴蝶之一，生活在北半球温带地区。让我们一起来观察一下它们的变态过程吧：

1. 雌性在寄主植物的树叶上产下一颗颗卵。

2. 一个星期之后，幼虫从卵中孵化出来。

3. 幼虫不断进食生长。

4. 幼虫经历多次蜕皮。

5. 最后一次蜕皮后，幼虫用几条丝将自己固定在支撑物上。

6. 然后变成蛹。

7. 三到四周之后，蛹蜕变成成虫，它们的翅膀还比较柔软、干瘪，无法飞行。

8. 脚抓住支撑物，蝴蝶慢慢地展开翅膀，静候一到两个小时，通过阳光取暖，直到翅膀变硬。

9. 最后，金凤蝶终于可以展翅飞翔了！

不可思议的小昆虫

昆虫是动物王国中最神奇的生物之一。无论在陆地，还是在空中，或是在水里，这些小动物们完成了一个又一个令人难以置信的壮举。

为了生存，它们可以伪装自己，与周围的环境融为一体；可以长途跋涉数百千米；可以建造出巧夺天工的巢穴；还可以拿起化学武器保护自己；除此以外，它们还是强大的捕食者……让我们一起领略它们的不可思议吧！

建筑家

1. 黄蜂将碎木屑与唾液混合，咀嚼之后吐出纸浆，用来建造它们巨大的巢穴。

2. 蜾蠃（guǒ luǒ），又称泥壶蜂、土蜂，它们会利用泥和唾液的混合物筑巢，巢穴形似陶罐。

3. 白蚁可以用黏土建起高达 3 米的巨型白蚁巢。

4. 黄猄（jīng）蚁，又名红树蚁，会利用丝线将树叶缝起来，用于筑巢。

伪装之王

5. 竹节虫滇叶䗛（xiū）伪装成了树叶，与周围的环境融为一体，以躲避它们的捕食者。

6. 松天蛾停在树皮上，以这种方式蒙骗敌人。

7. 为了在捕食过程中不被猎物发现，兰花螳螂会模仿成花的形态。

创新者

8. 神圣粪金龟在产卵前，会将粪球滚到自己的巢穴中。

9. 沫蝉的幼虫隐蔽在自己吐出的唾沫中。曾经，欧洲人认为这些唾沫是布谷鸟衔草时不小心掉下来的。

10. 椿（chūn）象，又名放屁虫，每当遇到危险时，它们会从腹部的顶端释放出一种炙热而又刺鼻的毒雾炸弹。

11. 七星瓢虫是蚜虫的克星，它们每天能吃掉上百只蚜虫！

运动员

12. 黑脉金斑蝶正穿越北美大陆，飞往墨西哥过冬。

13. 蜻蜓既可以向前飞行，又可以向后飞行，还可以直入云霄或突然回转，其飞行速度最高可达 60 千米 / 小时。

14. 水黾（miǎn）擅长在水上滑行移动。

15. 仰泳蝽（chūn）则是仰泳高手。正所谓小小昆虫，各怀绝技啊！

第一批脊椎动物

鱼类

软骨鱼

硬骨鱼

深海鱼

鱼类

第一批脊椎动物

鱼类的历史始于 5.3 亿年前。最早的鱼类没有颌，只能通过吮吸进食，它们的游泳技能并不强，身长不超过几十厘米。但是，在泥盆纪（4.19 亿年前至 3.59 亿年前），鱼类经历了爆发式的多样化发展：这一时期是盾皮鱼类的黄金年代，它们身上覆盖的骨甲板是名副其实的战甲。而那些体形微小，靠吮吸进食的鱼类的时代结束了，新时代即将迎来的是具有强大颌部的大型捕食者！有的盾皮鱼甚至长达 10 米！它们和同样凶猛的鲨鱼一起统治着大海。

目前，地球上的鱼类种类繁多，尺寸大小各异，甚至有的物种还拥有极其古怪的形态和不可思议的颜色。鱼类主要分为两大类：软骨鱼（见第 30 ～ 31 页）和由骨骼骨化成硬骨质的硬骨鱼（见第 32 ～ 33 页），绝大部分鱼类属于硬骨鱼。

内骨骼的出现是鱼类在演化过程中最了不起的特征，这也是为什么它们会成为地球上最早的脊椎动物的原因。鱼类完全适应了水生生活，在深不可测的海底、河口港湾、宁静的池塘、山间湍急的溪流，从海洋到淡水或是半咸水，它们逐渐占领了所有的水下世界（见第 34 ～ 35 页）。鱼类通过鱼鳍游动，利用鳃呼吸（除拥有肺部的肺鱼以外）。

大部分鱼类为卵生动物，它们通过产卵进行繁殖；有些属于胎生动物，胚胎在母体的子宫内发育成熟并生产；还有一些属于卵胎生动物，其受精卵在母体内发育和孵化。

1. 鳄冰鱼的血液是透明的，它们的肝脏能生产出一种抗冻蛋白质，因此，它们可以生活在南极洲冰冷的海水里。

2. 飞鱼的胸鳍特别发达，它们可以跃出水面，在空中滑翔好几米。

3. 海马是一种奇特的鱼，它们能在水中直立游动，而且负责生育后代的竟然是雄性海马！

4. 鹦哥鱼，又名鹦鹉鱼，生活在珊瑚礁中。每当睡觉时，它们的体内会分泌出一种透明的黏液，将自己包裹起来。

5. 出于自卫，河豚（tún）会将全身膨胀，竖起身上的刺，看起来就像一个荆棘球，因此它们又被称为"豪猪鱼"或"刺猬鱼"。

6. 发源于亚马逊盆地的电鳗（mán）能够产生电流，其输出的电压可达 700 伏！

7. 澳洲肺鱼既有鳃，也有肺，它们可以在水面呼吸。因此，遇到干旱时节，它们能够在沼泽中生存下来。

8. 弹涂鱼，又名跳跳鱼，能够跃出水面，在泥地上行走，甚至还能爬到岩石或低矮的树枝上！

软骨鱼

海中的"利牙"和"翅膀"

软骨鱼的骨架是由软骨构成的，主要包括鲨鱼、鳐鱼和银鲛。

鲨鱼在海中四处游荡的历史已经超过 4 亿年，其中最可怕的无疑是巨齿鲨，它们是恶魔的化身，称霸海洋长达 2000 多万年。巨齿鲨长 20 米，重 100 吨，牙齿的长度超过 20 厘米。今天海洋中最大的捕食者之一，长度达 4～6 米的大白鲨，与巨齿鲨相比，就显得小巫见大巫了。

鲨鱼的外形有以下特征：流线型身体、三角形背鳍（鲨鱼翅）、不对称的尾巴，以及位于头部两侧的鳃裂（呼吸器官）。鲨鱼的牙齿不断更换，前排牙齿脱落，后排的牙齿便会补齐，如同传送带一样。

鳐鱼的身体扁平，鳃裂位于腹部，胸鳍非常宽大，仿佛身体周围长着一圈扇子。不过锯鳐和犁头鳐除外，它们的身体偏向于狭长形。有的鳐鱼尾巴上长着一条或多条毒刺。蝠鲼（fèn）是体形最大的鳐鱼，其宽度可达 7 米。

银鲛属于底栖动物，生活在海底。它们的头大，身子小，第一个背鳍上长着一条毒刺。有些种类尾巴细长，因此又有鼠鱼之称。有的种类吻向前延长，就像一只大鼻子。

鲨鱼和鳐鱼的鳞片呈锯齿状，表面肌理比较粗糙，而银鲛皮肤光滑，没有鳞片。

1. 大白鲨有第六感，被称为电感，它们可以探测到其他动物运动产生的低频电磁波，这极大方便了它们发现猎物。

2. 鲸鲨长度可达 18 米，重量可达 12 吨，是目前世界上最大的鱼类。不过这种海中巨兽性情温和，以浮游生物为食。

3. 双髻鲨非常容易辨认，它们的头部扁平，第一背鳍异常发达。

4. 豹纹头鲨是一种小型鲨鱼，生活在南非和马达加斯加近海水域。

5. 蝠鲼的胸鳍宽大如双翅，当它们游动时，仿佛在水下飞行。

6. 犁头鳐的外形十分独特：一半像鳐鱼（身体前部），一半像鲨鱼（后部），因此又被称为"鲨鳐鱼"！

7. 锯鳐的吻前部长着一个长达 2 米的凸状物，上面有锋利的锯齿，看起来就像电锯的刀片。

8. 千万要小心暗色电鳐！这种鳐鱼会放电，输出的电压可达 200 伏。

9. 科氏兔银鲛生活在东太平洋深达 900 米的海洋深处。

硬骨鱼

五颜六色，千姿百态

在盾皮鱼和软骨鱼之后，大约在 3.95 亿年前，出现了骨骼硬化的鱼，在传统分类中，这类鱼被称为硬骨鱼。大量的硬骨鱼在演化过程中，呈多样化发展，目前 95% 以上的鱼都属于硬骨鱼。

大部分硬骨鱼的鱼鳍呈放射状，鱼鳍由延伸的骨结构（辐状鳍条）支撑，具有这类特征的鱼被称为辐鳍鱼。硬骨鱼中的许多物种全身覆盖着透明的鱼鳞，鱼鳞相互叠加，就像屋顶的瓦片。典型硬骨鱼的鱼鳞柔软，尺寸小，呈圆形；而有的物种鱼鳞呈菱形，或四层叠加；还有的物种甚至没有鳞片，如革鲤、海鳗、海鳝（shàn）。

鱼类身上的颜色是一种十分高超的伪装和防御工具，甚至可以说是它们赖以生存的必备之需。海水鱼和淡水鱼的主要颜色有橄榄色、蓝绿色、银灰色或棕褐色等。生活在珊瑚礁的鱼拥有丰富多彩的颜色，这些鲜艳的色彩可以帮助它们更好地与周围五彩斑斓的环境融为一体。斑纹、点状纹、条纹或其他花纹都能让它们更好地伪装自己，以欺骗敌人。

鱼类中的有些物种可以产下数以千计，甚至是上百万的卵。这些卵四处分散在水中，只有少数可以孵化出来。鱼类繁殖的冠军非翻车鱼（又名曼波鱼）莫属，它们一次性可以诞下 3 亿颗卵！有的鱼会建立巢穴，照看受精卵，直到卵被孵化出来。

海水鱼

1. 翻车鱼是最重、最大的硬骨鱼。这类大型海洋生物长度可达 3 米，高度可达 4 米，重量可达 2 吨。

2. 蓑鲉（suō yóu）是防御高手，它们身上长着毒刺，因此又被称为蝎子鱼。

3. 生活在太平洋珊瑚礁中的官服鱼，身上的色彩极其丰富！

4. 欧洲鳗鲡（lí）出生在马尾藻海，后来迁徙至欧洲海岸，成长于淡水中，最后返回大海繁殖。

5. 平鳍旗鱼游泳的速度可达 110 千米 / 小时，它们可以在海浪上完成惊人的跳跃。

淡水鱼

6. 狗鱼是凶猛的捕食者，它们有时会同类相食，尤其在年轻的时候。

7. 雄性杜父鱼（又名大头鱼）负责看守和清洁卵子，保障新鲜水的流动，直到卵子孵化出来。

8. 纳氏臀点脂鲤，又称红腹食人鱼，原产于亚马逊，喜欢群体生活，群体数量达上千只。它们强有力的颌内长着锋利的牙齿。

9. 为了吸引雌性，三刺鱼会利用自己肾脏分泌的黏液将植物粘织成鱼巢。

10. 金鱼的祖先是金鲫鱼，除了颜色以外，金鱼在其他方面与野生品种差别不大。

深海鱼

诡异恐怖的深海动物

想知道深海海底的环境和氛围是什么样的吗？想象一下永远伸手不见五指的黑暗世界吧。

当大海的深度达到 200 米时，太阳光就几乎无法穿透进来了。而到了 1000 米时，黑暗便成了主宰，在这样的环境下捕捉猎物或找到另一半显然非常困难！

而且，深海环境的恶劣之处除了黑暗以外，水压也非常高，温度非常低，很少能超过 0℃。但是，即便是在这样荒凉的环境中，依然生活着许多动物，有的动物甚至生活在水深超过 6000 米的深海！这简直难以想象！

那么，到底什么样的生物可以生活在这样的深渊里呢？它们是一些奇形怪状的鱼，这些鱼仿佛只有在恐怖片或科幻片中才会出现。另外还有其他的生物，包括玻璃乌贼、雪人蟹（科学家给这种动物命名为基瓦多毛怪）、会发光的章鱼和水母，以及吸血鬼乌贼，这些生物都是深海的"居民"。

深海环境极其恶劣，而这些生物却已经对这样恶劣的环境表现出了惊人的适应性。有些物种演化出了巨大的眼睛，可以捕捉到极其微弱的光源；有些则进化出了强大的颌部、锋利的牙齿、血盆大口和可以伸缩的胃部，这样使它们能够吞下比自己还要大的猎物，以弥补来之不易的捕获食物的机会。

此外，这些生物还有一个令人惊奇的地方，那就是它们许多都具有自身发光的能力，即生物发光。发光器官通常位于头部、身体、鳍或尾巴末端。发光器官既可以充当诱饵吸引猎物，也可以成为欺骗或恫吓敌人的圈套，还可以是信号发射器，以便在繁殖期找到自己的另一半。而黑暗的深海也因为这些点点灯光而显得生机勃勃！

深海怪物图集
鱼
1. 欧氏尖吻鲛（又名剑吻鲨，是一种深海鲨鱼）。

2. 吞噬鳗（又名宽咽鱼，是深海中样貌最奇怪的生物之一）。

3. 蝰（kuí）鱼（一种小型暖水性的深海发光鱼类）。

4. 褶（zhě）胸鱼（又名石斧鱼，是一种体型特殊的深海鱼）。

5. 长鳍角鮟鱇（ān kāng）。

6. 约氏黑角鮟鱇（又名黑魔鬼鱼）。

其他深海动物
7. 望远镜章鱼。

8. 吸血鬼乌贼。

9. 小飞象章鱼（由于它们的鳍长得像大象的耳朵，所以就以迪士尼动画《小飞象》命名）。

10. 玻璃乌贼（长有球状眼睛）。

11. 定居慎戎（甲壳类，是世界上最大的海生浮游生物）。

12. 大王具足虫（甲壳类，又名巨型深海大虱）。

13. 梦海鼠（一种深海游泳海参，由于它在水中漂游的姿态像被砍去头部的鸡，也被科学家戏称为"无头鸡海怪"）。

14. 鲛水母（一种生活在深海中的大型水母，其形体硕大且呈红色，因而也被称为大红水母）。

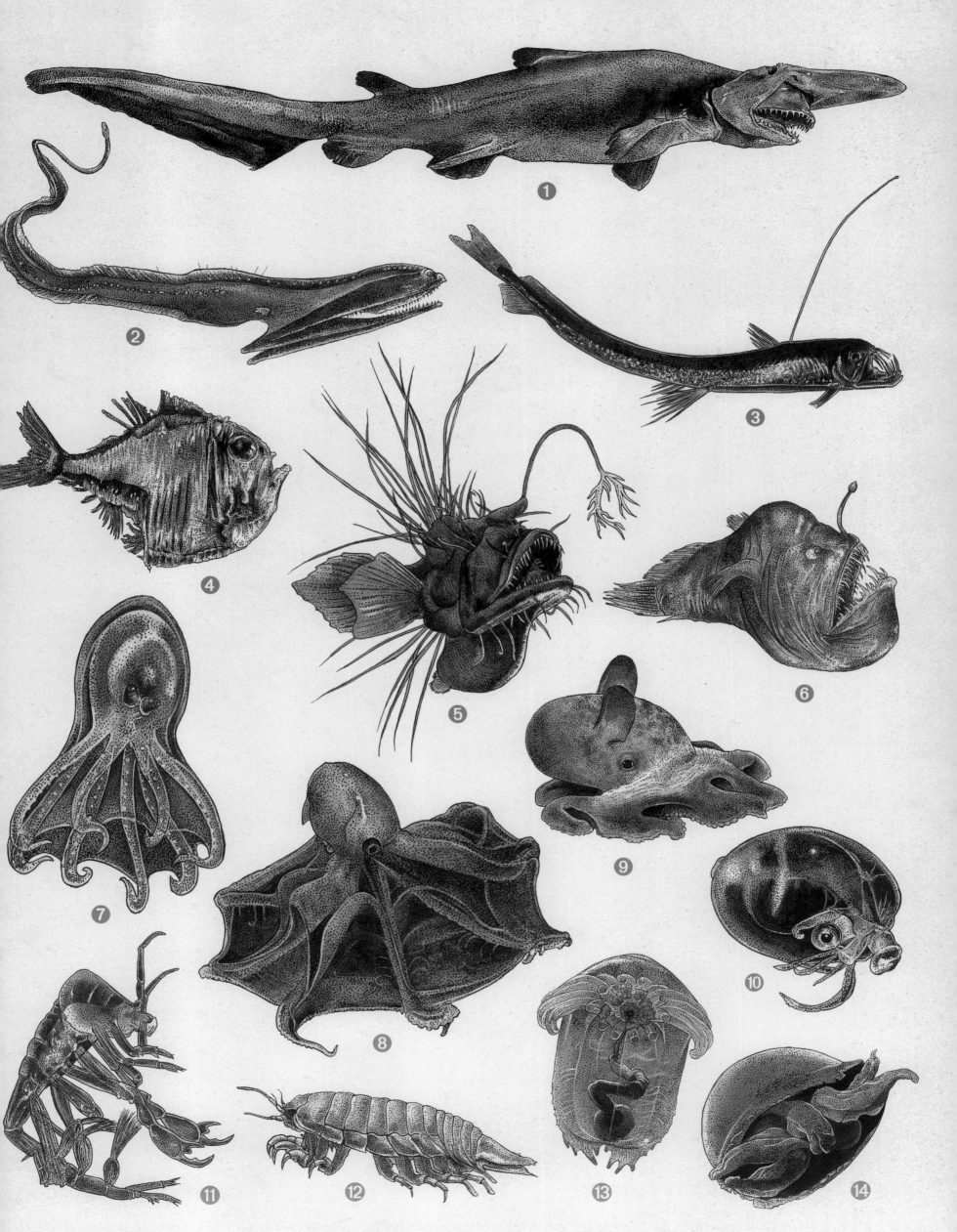

两栖生活

现代两栖动物

无尾目

有尾目

现代两栖动物
两栖生活

　　3.6亿年前，鱼的黄金时代——泥盆纪结束，第一批两栖类动物登场。两栖类动物"amphibian"的名称来源于希腊语"amphibios"，意思是"两栖生活"。而这也正是这类动物的特点：它们既是水生动物，也是陆生动物，并且是第一批从水中离开，去征服陆地的脊椎动物。

　　直到三叠纪（2.5亿年前）初期，原始两栖动物几乎都没有天敌，当时可供它们食用的食物也极其丰富，因此这类动物获得了空前的发展，最大物种的体形甚至能达到好几米，与真正的"怪兽"别无二致。

　　比起那时候，今天的两栖动物体形已经小很多了，它们是两栖动物中现存的唯一一个亚纲——滑体亚纲，包括无尾目（见第40～41页）、有尾目（见第42～43页）和蚓螈（yǐn yuán）目。蚓螈目的特点是没有四肢，看起来就像巨型蠕虫！

　　现代两栖动物属于冷血动物，它们的体温会随着外部条件的变化而变化，并且影响着它们的日常活动。在北半球的温带和寒带，从春天到秋天是这类动物的活跃期，它们在这个时期繁殖，经历变态的过程。从秋末到冬天，它们开始放慢生活的节奏，躲在地下或水底的淤泥中，不移动也不进食，进入冬眠状态。有的青蛙甚至在冰冻的条件下，依然能存活下来。在炎热地带，它们会以夏蛰的方式度过酷热的天气。

　　现代两栖动物皮肤裸露，许多物种的皮肤下藏着毒腺，而最致命的毒素来自于哥伦比亚当地特有的一种小箭毒蛙——黄金箭毒蛙。

1. 没有四肢的南美蚓螈，以蚯蚓和其他小型无脊椎动物为食。

2. 玻璃蛙，又称透明蛙，生活在中南美洲的森林中。它们名字的由来与身体的特征密不可分：腹部的皮肤是透明的！我们可以透过皮肤看到它们身体内部所有的器官。

3. 哥伦比亚的黄金箭毒蛙是世界上毒性最强的青蛙，一只成年蛙分泌的毒液可以杀死十个人！

4. 红眼树蛙，生活在美洲热带森林。它们的脚趾末端有黏性吸盘，因此可以轻易地爬到高树上。

5. 天蓝丛蛙是箭毒蛙的一种，以前的亚马逊印第安人常将这种蛙的毒液涂抹在狩猎的弓箭上。

6. 番茄蛙，栖息在马达加斯加森林中。当它们遇到危险时，会将身体胀大，并分泌出一种黏液，以保护自己不受敌人的侵害。

7. 林蛙一般在11月到次年3月之间冬眠，成蛙在池塘水底越冬，幼蛙在石缝下或树根下越冬。

8. 阿拉斯加的木蛙会在冬天的时候躲在地下，几乎能结成冰！它们的心脏仿佛停止了跳动，皮肤下会形成冰晶。它们体内拥有的一种葡萄糖，可以帮助它们在寒冬中存活。

9. 中国大鲵（ní）是世界上最大的现代两栖动物，它们身长1.8米，重65千克。

无尾目
非同寻常的变态发育过程

　　无尾目包括青蛙、蟾蜍（chán chú）和树蛙，大部分树蛙为树栖动物。无尾目所经历的变态过程颇为奇特。它们通常先在淡水中产下胶状卵，受精卵孵化出长有长长的尾巴和外鳃的小蝌蚪。随后便是变态过程中极其精彩的一幕：蝌蚪的呼吸器官逐渐由外鳃变为内鳃，最后变成肺；身体慢慢变长，后肢和前肢先后长出来，尾巴逐渐消失。经历了变态过程后，幼蛙会离开水，来到陆地生活，通过肺部和皮肤呼吸。

　　大部分蝌蚪为植食性动物，而成年青蛙则是肉食性动物。它们通常潜伏在某个地方，伺机捕捉食物。它们的食物包括昆虫、蜘蛛、蚯蚓、蛞蝓、鼠妇和其他各类小虫子。体形大的青蛙甚至还会捕捉蜥蜴、啮齿动物和幼鸟。

　　许多无尾目具有独门捕食技巧：它们可以精准地瞄准猎物，然后迅速伸出长长的黏舌将其捕获。

　　繁殖期间，雄性会放声歌唱，或独唱，或大合唱，以此来吸引雌性。这就是人们常听到的蛙鸣声，有的声音可以传播数百米远。许多无尾目物种都会细心地照看它们的卵和蝌蚪。

　　青蛙跳水和跳跃的能力给人们留下了深刻的印象，但不是所有的无尾目都会跳跃，比如蟾蜍。蟾蜍的后腿短，腿部肌肉少，因此更喜欢走路，跑步或小跳。树蛙则是攀爬的高手，即便是非常光滑的表面，也难不倒它们，因为它们的脚趾上长着吸盘。

　　除此以外，还有一些无尾目甚至可以在空中滑翔！

1. 雄性欧洲树蛙的喉咙里长有一个很大的声囊，它们鸣叫的时候，声囊会膨胀起来，就像个气球。它们发出的声音极具震撼力。

2. 为了保护孵化出来的蝌蚪，雄性达尔文蛙（因达尔文于航行世界途中发现，故以此命名）会将蝌蚪放入自己的声囊中，等变态完成后，再将幼蛙吐出来。

3. 黑蹼（pǔ）树蛙，原产于亚洲，它们身上长有发达的蹼，因此可以在空中滑行好几米。

4. 钟角蛙，来自亚马逊流域的无尾目动物，长有一张巨大的嘴巴，可以吞下老鼠或鸟类，而且它们的胃口也十分惊人。

5. 草莓箭毒蛙，中美洲特有的物种，雌性会精心照料蝌蚪，并定期产下未受精的卵供蝌蚪食用。

6. 捷蛙是跳跃冠军：它们跳跃的距离可达2米，高度可达75厘米！

7. 雄性产婆蟾（又名助产蟾）会将卵放在后肢上，为了避免脱水，它们会定期将卵浸湿，直到卵孵化成功。

8. 为了震慑敌人，蟾蜍会将四肢撑着站起来，摇晃着身体。它们还可以将身体胀大，以使自己显得更加粗壮。

有尾目
保留了尾巴

大多数人比较熟悉的有尾目动物是蝾螈（róng yuán）和北螈，除此之外，有尾目还包括其他物种。和无尾目不同的是，有尾目中的成年个体依然保留着尾巴，这也是它们名称的由来。

蝾螈的尾巴呈圆柱形，而北螈的尾巴侧面扁平。它们的躯干狭长，四肢细弱。许多物种没有肺部，主要通过皮肤呼吸。

和无尾目动物一样，有尾目动物的生活方式多种多样：有些物种是完全陆生的物种；有些则需要返回水中繁殖；还有一些是完全水生的物种。在进食习性方面，有的物种为肉食性，有的物种为植食性。它们白天小心翼翼地躲在阴暗潮湿的地方，等到雨天或黄昏时分才出来捕捉食物：包括昆虫、多足动物、蠕虫、软体动物和蝌蚪等。

大部分有尾目动物为卵生动物，它们会将卵产在静止的水中或水流缓慢的淡水中。有尾目动物的变态过程不像无尾目动物那般奇特，因为它们的幼虫和成体在形态上已经十分相似。

有些蝾螈属于胎生动物，生下来的幼体，除了身体幼小外，其外形和成年蝾螈一致。有些稀有物种，如洞螈和美西螈，终身都保持着幼体的形态，科学家将这种现象称为"幼态持续"。

无尾目动物移动时，不会像青蛙一样跳跃，而是行走，如果有必要时则会跑。水生物种可以用尾巴推动其向前游动，也可以直接在水底行走。

1. 原产于美国的红土螈是无肺有尾动物，它们一般通过皮肤和口腔黏膜呼吸。

2. 火蝾螈身上鲜艳的颜色似乎是在警告捕食者：我有毒，不可以吃我！

3. 美西钝口螈是一种生活在墨西哥的蝾螈，它们拥有一项令人难以置信的能力——它们身上受损或截肢的部位可以再生。

4. 洞螈栖息在欧洲地下溶洞里清凉的水中，它们的眼睛已经退化，隐藏在皮肤下面。

5. 大鳗螈，原产于美国，是完全水生的动物。在沼泽干涸的情况下，它们会躲在泥浆下面，或分泌出黏液包围自己，以避免脱水。

6. 春天的时候，雄性大凤头蝾螈的背上竖起锯齿状棱脊，外形看起来就像一只小龙。

7. 每当冬季结束时，雄性阿尔卑斯高山螈会身穿蓝色和橙色的"新郎装"，背上竖起棱脊，在水中舞动着尾巴，跳着求偶舞。

43

它们的祖先曾统治地球

有鳞目

蜥蜴

蛇

蜥蜴与蛇

有鳞目
它们的祖先曾统治地球

让我们一起来到 3.15 亿年前的石炭纪，那时候，第一批爬行动物才刚刚出现。它们身体细长，有着长长的尾巴和发达的四肢。爬行动物由两栖类动物演化而来，但它们比两栖类动物更能适应陆地的生活，并且很快就迎来了爆发式的多样性发展，没多久便爬到了食物链的顶端，统治了整个地球：从陆地到水中，甚至是天空中！

爬行动物能取得成功的秘诀是什么呢？这是因为它们发明了一种能保护受精卵的蛋壳。这种蛋壳能将受精卵密封住，有效地避免了胚胎变干燥。得益于这项革命性的"发明"，它们的产卵地不再局限于水中，还延伸到了陆地，为它们征服陆地开辟了道路。

恐龙是最有名的爬行动物。这类巨兽是我们这个星球上已知的最大物种。当然，也有一些恐龙长得很小，甚至比鸡还小。恐龙统治了地球超过 1.7 亿年，直到 6500 万年前的白垩纪消失它们才灭绝。

在这次大灭绝事件中幸存下来的动物，成了今天爬行动物的祖先。如今，它们被重新分成几类：有鳞目、龟鳖目（见第 56 ～ 57 页）和鳄目（见第 62 ～ 63 页）。

有鳞目包括石龙子、巨蜥、壁虎、变色龙、鬣（liè）蜥（见第 48 ～ 49 页），以及蛇（见第 50～51 页）。它们的共同点是身体覆盖鳞片（其学名"Squamata"来源于拉丁语"squama"，意思是"鳞片"），并且会定期更换皮肤，即蜕皮。有的物种能将整个表皮蜕去，而有些物种蜕皮并不完整，而是片状分离。

1. 蛇蜥虽然具有蛇的外形，但它们其实是一种无害的无足蜥蜴。与蛇不同的是，它们的眼睑可以活动。每当遇到恶劣的天气时，蛇蜥通常会成群结队，躲在地下或啮齿动物的洞穴中休眠。

2. 在交配季节，雄性欧洲绿蜥会身披帅气的"外衣"去征服它的"公主"。不过要赢得"公主"的芳心，它们必须与对手进行残酷的决斗，而有时，输掉决斗的代价便是失去生命。

3. 在东南亚的丛林中，飞蜥展开薄膜，以尾巴为舵，从一棵树滑翔到几米外的另一个棵树上。休息的时候，它们的"翅膀"可以折叠起来。

4. 当心吉拉毒蜥，一定别被它们咬到了！这种栖息在北美洲沙漠中的动物是一种有毒蜥蜴，它们下颌的唾液腺会产生毒液。

5. 每当受到打扰或是感到焦躁的时候，澳大利亚松果蜥就会伸出巨大的蓝舌头，并且大声地喘气！

6. 棘（jí）蜥，澳大利亚特有的物种，由于全身长满刺，因此又被称为刺魔蜥。它们虽然有着令人恐惧的外表，但实际上是一种以蚂蚁为食，对人无害的蜥蜴。

7. 网纹蟒，原产于东南亚，是世界上最长的蛇，长度可达 10 米，不过它们不是最重的蛇。

蜥蜴

繁荣的群体

蜥蜴在全球均有分布（除南极洲以外），其种类繁多，数量达 4000 多种，包括石龙子、巨蜥、壁虎、变色龙和鬣（liè）蜥等。它们的生活方式各异，栖息地也十分多样化。蜥蜴目属于"冷血动物"，为了调节体温，它们通常会在阳光下取暖，然后在阴凉处冷却。

大多数石龙子属于陆生动物，一般在昼间活动，为肉食性动物。一旦遭遇天敌时，它们可以将尾巴断掉，这种行为被称为自截。在尾巴断开的地方还会再长出一条新的尾巴，不过新尾巴的颜色和外形都与之前的尾巴有所不同。

巨蜥是一种脖子很长，皮肤很厚的大型蜥蜴。它们的舌头前端有分叉，和蛇的舌头一样，可以探测猎物。世界上体形最大的蜥蜴是科莫多巨蜥。

大多数壁虎都是树栖和夜间活动的动物，壁虎的脚底有褶皱皮瓣，能吸附在光滑的表面，因此它们可以轻松地行走在天花板上！有些壁虎的叫声非常有特色。

变色龙能够根据温度和情绪的变化来改变自身的颜色，如雄性遇到雌性时的兴奋、受到竞争对手刺激时的恐惧等。但变色龙的特别之处还不止如此，它们的眼睛呈球状，可以朝任意方向转动；它们的尾巴具有握持的能力，能帮助它们抓住东西；它们的舌头非常长，且具有黏性，因此它们可以不移动身体，伸出长舌就能捕捉昆虫。

鬣蜥包括陆生、海生和树栖物种。这类形似恐龙的动物是素食主义者，不过偶尔也会捕食昆虫。它们最喜爱的娱乐活动是什么呢？当然是懒洋洋地晒太阳啦！

1. 双嵴（jí）冠蜥，俗称双冠蜥，它们在逃避天敌的时候，可以直接在水上奔跑！这样的壮举为它们赢得了"耶稣蜥蜴"的称号（因耶稣曾展现过水面行走的神迹）。它们不会下沉的秘诀是什么呢？一是脚上长有巨大的鳞片，二是因为它们奔跑的速度很快。

2. 体形硕大的科莫多巨蜥拥有惊人的胃口，这种怪物能够吞食野猪、鹿和水牛。它们的口中含

有毒液，一旦被咬伤，往往是致命的。即便有猎物侥幸从它的口中逃脱，也会因中毒而在几天内死亡。

3. 雄性大壁虎会发出奇怪的叫声，类似咯咯声、犬吠声、呱呱声等。

4. 杰克森变色龙头上长着三只角，因此很好辨认。在繁殖季节，雄性之间会为了争夺雌性而争斗，

作为斗争的战利品，雌性会无动于衷，静候战斗的结束。

5. 虽然海鬣蜥的外形十分恐怖，但它们其实是一种对人无害的蜥蜴。它们一般以海藻为食，喜欢待在岩石上慵懒地晒太阳。

6. 美洲鬣蜥看起来懒洋洋的，但是一旦遇到危险的时候，它们会奔跑，凭空跳跃，潜水和游泳。

49

蛇
蠕行的艺术

早在 1.6 亿年前，在晚侏罗世，一种身体细长、柔软，呈圆柱形，有尾巴但没有腿的奇怪动物出现了，它们逐渐适应了各种生活环境。

蛇由蜥蜴演化而来，虽然它们的四肢已经退化，但这并没有限制它们的行动能力。相反，它们发明了一种全新的移动方式——蠕行：通过身体一系列肌肉收缩运动匍匐前行，呈直线形、之字形，或波状弯曲，每类蛇蠕行的方式可能都不一样。另外，它们还会游泳和爬树。

与有腿动物相比，蛇为了逃避天敌或追捕猎物，可以潜入非常狭小的空间。作为强大的捕食者，蛇通常会采用守株待兔或主动出击两种捕食策略。它们的食物包括昆虫、蜗牛、啮齿动物、鱼、青蛙、鸟、蛋，等等。为了捕到猎物，蛇会向前倾着头，张开嘴巴，或是等待树栖动物直接落在自己的身上。有些蛇能将猎物活着吞下去；有些蛇会用钩牙向猎物注射毒液，给其致命一击；而有的蛇则会紧紧缠绕住猎物，最终猎物因不能呼吸或血液无法流动而死亡。无论如何，猎物都会被蛇整个吞下去。

不过，最令人惊讶的是，蛇还能吞下比它们头部大得多的动物，这是因为它们的下颚和颅骨的移动性能非常强大。一餐吞下大量食物的好处是，它们可以在数周，甚至是数月内都不用进食！

1. 森蚺（rán）的重量可以达到 200 千克，是当今世界上最大的蛇。它们具有出色的游泳能力，一生之中的大部分时间都在水下度过。

2. 翡翠树蚺是树栖和卵胎生蛇，雌性会在树上产下幼蛇。幼蛇身体为砖红色，经过好几个月之后才会逐渐转变为成年的绿色。

3. 雌性亚洲岩蟒会将产下的卵堆积在一起，然后用身体缠绕住。在卵孵化之前，它们会保护和孵育蛇卵。不过幼蛇出生后，它们就不再扮演母亲的角色了。

4. 非洲食蛋蛇，只以蛋为食。它们进食的时候，会尽可能地拉伸下颚，将蛋整个吞下去；待吞咽完蛋白和蛋黄后，再将蛋壳从嘴里吐出。

5. 角蝰（kuí）静静地掩藏在撒哈拉沙漠的沙中，一旦有猎物进入它的袭击范围，它便会以极快的速度突袭猎物。

6. 灰蓝扁尾海蛇的尾巴垂直扁平，可以在水中自如游动。它们经常爬到岸上消化食物、蜕皮或产卵。它们的身上拥有毒性极强的毒液。

蜥蜴与蛇

各怀防御绝技

    大部分有鳞目动物，如蛇、蜥蜴和壁虎，都是捕食者。但同时，它们也是其他动物眼中的猎物。为了不被吞食，它们设计出了各种各样的防御策略。

    行动快速的物种会飞速逃跑，而行动迟缓的动物则能通过伪装来躲避天敌。有些物种会恐吓敌人，其策略花样百出：凭借吸气使自己的身体胀大，然后大声驱赶敌人；或为使自己看起来更高大，站立起来（如蜥蜴、壁虎），或是竖起身体的前部（如蛇）；或展开颈部皮褶（如眼镜蛇）或领圈（如蜥蜴），亮出鲜艳的颜色或眼状斑纹。有的蜥蜴为了营造出恐怖的氛围，会甩打着自己的尾巴，发出强有力的叫声。而大部分的蛇为了吓退敌人，会咝咝作响，猛烈地拍打尾巴，或在肛门处分泌出一种极臭的分泌物。有些动物还会施展各种诡计，装死或模仿有毒物种的鲜艳颜色。

    有些有鳞目动物会让自己变得令天敌提不起胃口，比如发出令人作呕的气味，或让身上长出刺状物；有些会毫不犹豫地截掉尾巴的一部分，只为挽救自己的生命；有些在遇到侵略者时，会进行有力的回击，喷射出毒液或其他有毒物质。

    总而言之，有鳞目动物在遇到敌人时，不会坐以待毙，它们的御敌技巧花样百出，有些甚至令人叹为观止。

    为了生存，它们可以倾尽全力。

1. 德州响尾蛇的尾巴直立，身体前部呈"S"形，它挥动着尾巴，发出响亮的声音，随时准备发动袭击。

2. 红射毒眼镜蛇瞄准敌人的眼睛，喷出毒液。即使是一丁点的毒液，也会导致疼痛和灼伤。

3. 水游蛇会装死：腹部朝上躺在地上，嘴巴张开，舌头伸出来。

4. 牛奶蛇是一种无毒的蛇。为了吓退敌人，它们会采用完美的欺骗技巧，其鲜艳的外色，类似一条剧毒珊瑚蛇。

5. 伞蜥蜴站立起来，张开大口，大声嘶叫着，展开颈部的伞状薄膜。

6. 南非犰狳（qiú yú）蜥蜷缩着，咬住尾巴，竖起鳞片，看起来就像一个刺球！

7. 普通壁蜥可以自截，当它的尾巴在敌人的口中或地上跳动时，它们已经逃走了。

8. 角蜥的眼睛可以喷射出血流，里面含有刺激物，射程为1米。

9. 地衣叶尾守宫是伪装之王，它们可以完美地模仿地衣。当它们一动不动地贴在树枝上时，敌人几乎察觉不到它们的存在。

身披盔甲

龟鳖目

水生龟

龟鳖目

身披盔甲

　　和有鳞目动物有了短暂的接触后，我们再一起来了解一下龟鳖目，即所有身上长着骨质甲壳的动物，包括陆龟、淡水龟和海龟。它们的故事始于 2.2 亿年前的三叠纪，在经历了几次物种大灭绝和气候危机后，恐龙等物种灭绝了，而龟鳖目却幸存下来，并逐渐占领了近乎整个地球。如今，龟鳖目动物的栖息地非常多样，包括大海、湿地、森林、草原、沙漠和高山等。

　　龟鳖目取得巨大成功的关键是什么呢？是因为它们拥有堡垒一般的甲壳。这是它们演化史上非凡的创造，可以有效地抵御天敌、恶劣天气和外力冲击，还可以帮助它们伪装自己。龟鳖目动物的背甲和腹甲之间有甲桥在体侧连接。

　　原始龟鳖目动物有细齿，而现代龟鳖目能借助边缘十分锋利的角质喙，抓取和撕咬植物或猎物。现存的 330 种龟鳖目动物，根据头缩入甲内的方式可分为曲颈龟亚目和侧颈龟亚目：曲颈龟亚目的头可以直接折回甲壳内，侧颈龟亚目的头只能在水平面上弯向一侧，藏在甲壳内。

　　陆龟的甲壳巨大、重且厚，通常是鼓起的，其背甲上覆盖着大块盾片，仿佛一座坚固的古堡。另一方面，它们行动缓慢。不过拥有这样的盔甲，它们也不能快速地行走。

　　乌龟因其令人难以置信的寿命而闻名，几乎所有物种的寿命都能达到 50 多年，有些甚至能达到 100 多年。它们中的长寿冠军是一只来自塞舌尔的巨龟，寿命长达 200 多年！

陆龟

1. 原产于东南亚的刺山龟，喜欢生活在溪流附近树木繁茂的山区。它们的甲壳边缘呈锯齿状，对天敌具有震慑作用。

2. 赫曼陆龟，生活在地中海周围地区，栖息在丛林或树木稀疏的森林中。11 月中旬至次年 3 月中旬期间，赫曼陆龟会躲在地下或一堆树叶下冬眠。

3. 非洲折背陆龟和其他折背陆龟一样，背甲后半部有个关节可以折合，这个关节在它们 5～6 岁时出现。

4. 印度星斑陆龟一般在雨季交配，雄性会发出低沉的叫声，以此来吸引雌性。

5. 雌性靴脚陆龟是世界上唯一一种筑巢和护巢的乌龟，它们会建造隆起的巢穴，并守护巢穴，攻击偷蛋的掠食者。不过几周之后，它们会弃巢而去。

6. 佛罗里达箱龟拥有可以折合的腹甲，每当遇到危险时，它们可以完全缩入壳中，腹甲可折合的部分和背甲连接，形成一个密封的"箱子"。

7. 加拉帕戈斯象龟，雄性体形比雌性大很多。在交配季节，雄性间会展开决斗，在很远的地方都能听到它们决斗时发出的吼叫声。

水生龟
流线型甲壳

　　大部分龟类为水生动物，它们喜欢栖息在淡水湖泊、池塘、沼泽和水流缓慢的河流中。还有些物种生活在半咸水中，有些物种则生活在大海里。

　　水生龟的龟壳比陆龟更扁平、光滑，也更轻盈，这些特点有利于它们在水下游动。有的物种龟壳上没有盾片，如棱皮龟和软壳龟，它们背上覆盖着一层咬不动的坚硬皮肤。

　　水生龟通常在水下交配，在陆地上产卵。雌性用后肢挖巢，产卵，离开之前，再小心翼翼将产下的卵埋好。幼龟孵出后，便开始独自生活了，大部分幼龟将成为其他动物（鸟、哺乳动物、螃蟹、鱼）口中的食物，只有少数能侥幸逃脱。

　　淡水龟喜欢平静的水域，最好是泥泞的水底，因为这样的环境非常有利于躲藏。它们喜欢在河岸或石头上晒日光浴，以此取暖。它们脚趾上长有蹼（pǔ），是游泳高手，也可以长时间待在水下，等候猎物。大部分淡水龟是十分厉害的捕食者，擅长伺机捕捉猎物。

　　海龟是非凡的游泳运动员和潜水员，有些海龟的游泳速度超过 35 千米 / 小时，游泳里程达数千千米，可潜入数百米深的水下。它们在水下能有出色的表现，是因为它们拥有流线型甲壳、可以充当划桨的扁长前肢和充当舵的后肢。海龟一生都生活在大海中，只有在产卵的时候，才会回到它们出生的海滩。

淡水龟

1. 角鳖，分布于北美淡水水域，甲壳无盾片覆盖，扁平，呈圆形，看起来就像一张煎饼！

2. 求爱的时候，雄性红耳龟会振动前肢的长爪，轻触雌龟的头部。

3. 东澳长颈龟，它们的脖子比甲壳还长，因此无法将头部完全缩进甲壳中。

4. 枯叶龟，南美洲淡水龟，擅长伪装。捕食时会将嘴巴张开，静候猎物经过，然后伺机将猎物吸入口中。

5. 真鳄龟，主要栖息在北美地区，其体重可达 100 千克！为了吸引猎物，真鳄龟会晃动舌头上像蠕虫一样的肉赘。

海龟

6. 玳瑁（dài mào）是现存七种海龟之一，它们的盾片交叠镶嵌，就像屋顶的瓦片。

7. 棱皮龟是世界上体形最大、体重最重的龟鳖目动物，有的棱皮龟体重超过了 900 千克，长度达 2 米。它们最喜欢的食物是水母。

59

"大嘴"军团

鳄目

鳄目

"大嘴"军团

了解完龟鳖目后，我们这一站来到了恐怖的鳄鱼王国。现存的鳄鱼种类包括长吻鳄、短吻鳄、凯门鳄和恒河鳄等。恒河鳄的上下颚非常细长，比较好辨认。

早在 2.4 亿年前，这类可怕生物的祖先便已经出现在地球上了。后来，在演化历史进程中，它们实现了多样化的发展。到了侏罗纪和白垩纪，有些鳄鱼物种的体形变得巨大，如巨兽一般，它们是凶猛的猎手，是恐龙强有力的竞争者。后来，恐龙灭绝了，鳄鱼却延续至今。

鳄鱼身体强壮，嘴巴巨大，牙齿锋利。它们的眼睛、耳朵和鼻孔位于头顶，因此，即使身子藏在水下，也可以呼吸并仔细观察水上的世界。鳄鱼是优秀的游泳选手，它们通过挥动尾巴驱动身子前进。在陆地上，它们可以匍匐前行或四肢站立爬行，甚至能跑动！

鳄鱼捕食的时候，可以一动不动地躲在水下，静静地等候猎物，然后发动突然袭击。成年鳄鱼拥有令人难以置信的力量，它们的上下颚一旦施加巨大的压力，便可以咬住角马一样大的动物！

雌性鳄鱼在沙子里或土里产卵，产卵后会守护巢穴，在此期间它们会变得凶恶无比，不准任何动物靠近。幼鳄的性别由孵化的温度决定，这一点和乌龟还有一些蜥蜴类似。孵化出壳时，新生鳄鱼会尖叫，然后鳄鱼妈妈把它们从巢穴中拉出来，小心翼翼地含在口中，带到水里。

有的鳄鱼会建立"托儿所"，由一只雌性鳄鱼负责照看一群幼鳄。

1. 雌性尼罗鳄会细心照看幼鳄长达几个月。鳄鱼宝宝爬到母亲的背上和头上，在那里，它们可以安全地避开捕食者。

2. 湾鳄是世界上最大、最危险的鳄鱼。它们生活在海洋和河口水域，有时也会出现在亚洲和大洋洲的河流和沼泽等淡水水域。它们可以借助尾巴，跃出水面捕捉猎物。

3. 非洲狭吻鳄栖息在热带森林的河流中，雌性产卵前会用泥土和植物筑巢。

4. 恒河鳄的主要食物是鱼。恒河鳄会照顾刚出生的后代，但与大多数鳄鱼不同，雌性恒河鳄在孵化期间不会护巢，也不会把刚孵化出的幼鳄从巢穴中运到水里。

5. 锥吻古鳄，主要生活在南美洲的热带森林中，夜间狩猎。雌性通常在靠近白蚁窝的地方筑巢，因为白蚁窝可以为巢穴带来热量。

6. 在发情期，雄性美洲短吻鳄会发出叫声，吸引雌性。

63

飞翔的羽毛

鸟类

鸟类
飞翔的羽毛

　　大约在 1.5 亿年前，侏罗纪末期，原始鸟类开始登上动物王国的大舞台。这类身披羽毛的新物种是小型兽脚类恐龙的直系后代，它们保留了牙齿和长尾，翅膀上长着爪子，并且喜欢吃肉！始祖鸟一开始被视作世界上最早的鸟，不过后来又被划分为恐龙物种，但最终，它们又夺回了"鸟类祖先"的称号。它们和"表亲"鳄鱼一样，经历了恐龙灭绝的时代，是生命之树这个分支上仅剩的两位成员。

　　与两栖类、有鳞目和爬行动物不同，鸟类是一种"热血动物"：它们的体温几乎保持在一个恒定的水平（高于 40℃）。

　　现代鸟类有喙，没有牙齿，这种构造与它们的饮食特点相适应。它们的腿部形态不一，主要取决于其生活方式：陆生、水生或树栖。当然，鸟类最主要的特点是拥有飞行能力。飞羽、尾巴和尾羽是确保飞行的基础。

　　许多鸟类会选择在温暖的地区过冬，然后返回繁殖区，这类鸟被称为候鸟。鸟类中的迁徙冠军是北极燕鸥，它们每年在南北两极之间往返一次！

　　当然，也有一些不会飞的鸟类，如鸵鸟、鸸鹋（ér miáo）、美洲鸵、鹤鸵和几维鸟，它们的龙骨突（动翼肌附着的骨头）退化，是鸟类中的步行爱好者。企鹅则是鸟类中的游泳健将，它们的翅膀已经变成了有力的"划桨"。

1. 吸蜜蜂鸟是古巴特有的物种，是目前世界上最小、最轻的鸟，重量不到 2 克，几乎和稍大一点的蜜蜂一样大，因此它们被称为蜂鸟。

2. 黑头林鵙鹟（jú wēng），原产于新几内亚，是为数不多的有毒鸟类，它们的皮肤和羽毛可以分泌出毒素。

3. 北极燕鸥在北极地区繁殖，冬季飞往南极过冬。这种海鸟一年能飞行近 40 000 千米！

4. 麝雉（shè zhì），生活在南美洲，幼鸟翅膀上还保留着两只爪子，类似于始祖鸟，可帮助它们攀爬。不过两只爪子在出生几周后会消失。

5. 凤尾绿咬鹃，生活在中美洲潮湿的高原森林中，雄鸟拥有华丽的外表，由于观察角度不同，其翡翠绿色的羽毛在阳光下，会泛出不同的光泽。

6. 鸵鸟不会飞，但它们行走的速度可达 4 千米 / 小时，奔跑的速度能达到 50 千米 / 小时，并能以 70 千米 / 小时的速度冲刺。

7. 虽然不会飞，但南极帝企鹅并不缺乏移动的技能，它们可以走，可以腹部贴着冰面滑行，能潜水，还能在水下"滑翔"。

雀形目

才华横溢的歌唱家

雀形目又常被称为鸣禽目，据统计有 6000 多个物种，几乎占据了鸟类全部种类的一半以上。由于具有出众的飞行能力，雀形目征服了大多数栖息地，遍布除南极洲以外的全球各地。

雀形目虽然不是唯一会唱歌的鸟类，却被誉为鸟类中的"歌唱家"，因为它们拥有飞禽中最美丽动人的声音。其中最著名的有夜莺、苍头燕雀、赤胸朱顶雀、乌鸫（dōng）和金丝雀。

它们拥有天籁之音的秘诀就在于位于它们气管底部的发音器官——鸣管。通过鸣管的调节，鸟类发出的声音可以由单调变得精妙而婉转。鸟的鸣叫还是一种社交手段。通常，雄性可以演奏出美妙精巧的曲目，以此标记自己的领地和吸引雌性的注意。

雀形目鸟的足为离趾型，趾三前一后。大多数雀形目鸟为树栖动物，羽毛颜色多为灰色、米色或棕色，不过也有羽毛颜色多彩的物种。

在繁殖季节，它们会在树上、灌木丛中、空心树干或岩石裂缝中筑巢穴，有的巢穴十分精美。织雀鸟是无可争议的杰出建筑大师，它们建造的巢穴可以与艺术品相媲美。

雀形目的鸟蛋通常带有斑点，有颜色。雏鸟刚孵化出来时，全身裸露，需待在巢穴中，由父母养育，我们把这种鸟称为留巢鸟。

1. 渡鸦是欧洲雀形目中体形最大的鸟类：它们的翼展（双翅展开后，左右末端之间的距离）可达 1.3 米。由于拥有如此长的翅膀，它们可以在空中完成各种各样的特技飞行，如翻跟头、螺旋飞行、垂直向下，甚至是仰飞。

2. 乌鸫虽然没有凤凰一般的羽毛，却拥有天使般的声音。它们的鸣声悦耳动听，仿佛一首和谐婉转，且辅以笛声的歌曲。

3. 胡锦鸟，澳大利亚特有的物种，喜欢成群活动。它们的羽毛颜色鲜艳，是一种广受欢迎的观赏鸟。

4. 黑头织巢，原产于非洲，属于多配偶鸟，一只雄性能与好几只雌性交配。为此，雄性会以草为原料，以喙和爪为工具，为每只雌性建筑巢穴。

5. 红额金翅雀是乡间田野里颜色最丰富的鸟类之一，也是最优秀的"歌手"之一。它们的声线包含颤音、低吟、转音，其曲调丰富而悠扬。

6. 红腹灰雀，雄鸟腹部为玫红色，雌鸟腹部为棕红色。这种同一物种不同性别之间的差别被称为性别二态性。

猛禽

出色的猎手

猛禽通常是指具有强健有力的钩状喙，以及弯曲长爪的鸟类，它们均为掠食性鸟，其外文名"raptor"来源于拉丁语"rapax"，意思是"快速掠夺"。

大多数猛禽为超级捕食者，如老鹰和雕鸮。它们处于食物链的顶端，没有能以它们为捕食对象的动物，人类是它们唯一的敌人。猛禽之所以是优秀的猎手，是因为它们具备高度发达的感官，尤其是出色的视觉。而秃鹫（jiù）和大兀鹰是食腐动物，它们会吃各种已经腐烂的动物尸体。

由于不能完全消化食物的骨头、毛发、羽毛或外壳，它们会将无法消化的东西以球状的形式反吐出来，这种球状物被称为食丸。

猫头鹰和耳鸮是夜行猛禽，它们在夜幕降临时出发打猎。它们拥有一双能看得清黑夜中物体的大眼睛，同时它们的听觉高度发达，能够非常精准地定位猎物。此外，它们飞行的时候几乎没有声音，无声飞行对在寂静黑夜中狩猎的猎人来说，是一项必不可少的技能。

猫头鹰和耳鸮还因具备独特的叫声而广为人知，它们的叫声单调凄凉。不过，除此以外，它们还可以发出音频较低而音量较大的鸣叫，甚至是犬吠声。

辨别耳鸮和猫头鹰十分简单，耳鸮头上长有两束羽毛，即耳羽，而猫头鹰没有。

昼间活动猛禽

1. 红隼（sǔn）因翱翔习性而著名：它们的双翅展开，和身体呈十字形，在空中悬停，观察地面情况，寻找猎物。

2. 游隼是世界上飞行速度最快的鸟类，它们收起翅膀俯冲捕猎时，最高速度可达 380 千米 / 小时，甚至比高铁还快！

3. 蛇鹫的腿很长，是非常出色的步行者和跑步者，它们还十分善于飞行。这种生活在非洲的猛禽喜欢吃蛇，因此被称为蛇鹫。

4. 白头海雕的交配方式非常特别，雄性和雌性会在空中上演非常壮观的求爱仪式，它们互相抓住对方的爪子，然后高速旋转坠向地面。

5. 安第斯秃鹰是世界上最大的猛禽。它们是腐食动物，主要以大型动物的尸体为食，包括美洲驼、小羊驼和家畜等。

夜间活动猛禽

6. 雕鸮，超级捕食者，它们的食性非常广泛，从昆虫到哺乳动物，只要是动的能吃的，它们都吃。

7. 仓鸮几乎遍布除南极洲以外的其他地方，它们的面盘为白色，呈心脏形，特征十分明显，很难将它们和其他猫头鹰物种弄混。

水禽

生活在水边

　　许多鸟喜欢生活在有水的地方，例如沼泽、湖泊、池塘、河流、海洋等。有的物种栖息在水边，在水里寻找食物；有的一生中大部分时间都在水中度过，依靠蹼足在水中自由滑动；还有一些海鸟，翱翔在海洋上空，只有繁殖的时候才在岸上停留，它们趋近完美的细长身型和长而窄的翅膀，使它们可以贴近海面，乘风破浪。

　　水禽的食物非常广泛，包括鱼类、青蛙、水生昆虫、甲壳类动物、软体动物、海洋蠕虫、蛋类、幼鸟，甚至是啮齿动物。植食性物种以草、藻类和其他植物为食。不过它们各自有着不同的进食方式。火烈鸟和苍鹭喜欢缓慢行走在浅水中，火烈鸟用喙过滤水中的食物，而苍鹭则用喙去袭击食物。绿头鸭和其他钻水鸭在水中倒立取食，而鸬鹚等潜水鸭则潜入水下取食。塘鹅可以潜入几米深的水底，企鹅则可以从伸向大海的悬崖上跳下去，潜入大海。还有的海鸟甚至可以在水下"飞翔"，追逐鱼类。

　　与雀形目和猛禽不同，大部分水禽物种（如天鹅、鸭等）的雏鸟出生时，身上长有羽毛，可以立即移动和进食，这类物种被称为离巢鸟。

1. 白鹈鹕（tí hú）擅长集体捕食，它们会将鱼团团围住，组成一张严密的网，然后将头伸入水中抓鱼，被抓到的鱼会被吞进喙下一个巨大的皮囊中。

2. 北极海鹦可以潜入 15 米深的海水中捕食，它们把捕获到的小鱼含在喙中，有时甚至一次可以含下 30 条小鱼。

3. 北方塘鹅拥有令人惊叹的潜水技巧，它们一旦发现鱼群，能从 10 ～ 40 米的高度，以 100 千米 / 小时的速度俯冲而下，消失在海中。

4. 漂泊信天翁拥有鸟类世界最大的翅膀，其翼展超过 3.5 米，它们可以毫不费力地飞过南半球的海洋。

5. 如果你看到一种翠绿又带点红的鸟，像箭头一样，飞一般冲入清澈的河流或湖泊里，然后喙里含着一条鱼冲出水面，那便是翠鸟！

6. 火烈鸟用泥巴做成高墩，高墩顶部呈盆形，雌性在盆中产下一颗卵。雏鸟孵化后的第十天，会进入火烈鸟"托儿所"，那里养着数百只年龄相仿的幼鸟。

7. 苍鹭是一个不知疲倦的渔夫，它们可以一动不动地站在那好几个小时，只为等待猎物，一旦有青蛙或鱼类跑过来，它们便立即伸出脖子，将食物啄住。

䴕形目
伟大的攀爬者

  䴕形目广泛分布于除南极洲和澳大利亚以外的所有大陆，这类动物包括 400 多个物种，如啄木鸟和巨嘴鸟。大部分䴕形目生活在森林中，属于树栖动物，是十分厉害的攀爬者。它们在树洞中筑巢，以昆虫为食。除一些特殊的物种外，大部分䴕形目的脚呈对趾型，也就是说两趾向前，两趾向后。这样的构造非常有利于攀爬树枝和在树枝间移动。

  和其他鸟一样，䴕形目会定期更换羽毛，一般是一年换两次，一次在筑巢前，一次在寒冷季节到来前，或是迁徙之前。

  啄木鸟因在树干上钻孔，发出咚咚的声音而闻名。它们非常适合树栖生活。除了对趾型的脚，它们还拥有坚硬的尾羽，这是它们在树干上的支撑点；它们的喙坚固锐利，能够轻易刺穿树皮；最重要的是，它们拥有能分泌黏液且有伸缩性的长舌，非常适合捕食树干中的蛀虫。

  到了交配季节，啄木鸟会在树干上连续啄木，发出响亮的"咚咚"声，以表示自己的存在，并标记领地。

  大嘴鸟和巨嘴鸟非常容易辨认，因为它们拥有巨大而色彩艳丽的喙。不过这个大喙并没有看起来那么重，因为它们的喙是空心的，且由许多血管连接，可帮助它们调节身体温度。它们主要分布在热带地区，是食果动物（以果子为食）。为了享受美食，它们会用喙夹住果子，将其采摘下来，然后头一仰，将果子整个吞下去。

啄木鸟

1. 三趾啄木鸟，因为每只腿上长着三趾而得名。不过它们依然是攀爬高手，可以敏捷地在针叶树上攀爬，寻找蛀虫，吸食树木的汁液。

2. 欧洲绿啄木鸟经常在地上觅食，最喜欢的食物是蚂蚁。它们拥有强大的喙和能分泌黏液的舌头，可以伸展至 10 厘米，能够帮助它们从蚁穴中将蚂蚁掏出来。

3. 橡树啄木鸟，原产于美洲，它们喜欢在树干上啄很多小洞，然后在每个洞里存放一颗橡果，这是它们过冬的食品储藏柜。

大嘴鸟

4. 绿巨嘴鸟拥有绿色的羽毛，可以完美地将自己伪装在树林中。雌性和雄性都参与孵化工作，雌性在夜间孵卵，而雄性在白天接班。

5. 曲冠簇舌巨嘴鸟，是亚马逊流域特有的物种，冠羽为盘绕状，鸣声和青蛙的呱呱声类似。

6. 彩虹巨嘴鸟是群居鸟，不过每个群体中的个体数量不多。它们睡觉时，会将巨大的喙放在背上，高举尾巴，这样可以让自己占据更少的空间。

鹦形目

有语言天赋的鸟

通常用"鹦鹉"这个词来表示一类热带鸟类，这类鸟拥有比较大的钩形喙、绚丽的彩虹色羽毛，它们具有模仿各种声音的天赋，甚至包括学习人类的语言。

这类鸟属于鹦形目，有超过 390 个物种，主要分为三类：鹦鹉科（数量最多）、凤头鹦鹉科和鸮鹦鹉。鹦鹉科包括南美大鹦鹉、牡丹鹦鹉、亚马逊鹦鹉以及虎皮鹦鹉等；凤头鹦鹉的特点是头上有可以收展的头冠；鸮鹦鹉是新西兰特有的物种。

和鴷形目一样，鹦鹉属于攀爬型鸟类，脚呈对趾型。不过，它们在树枝上攀爬和移动时，也会使用喙部协助，因此喙部相当于它们的第三只脚。它们非常善于使用爪子，常用爪子抓取物品或食物（水果、种子等），然后将食物放到嘴里。

鹦形目也是群居动物，群体中的数量有多有少，个体间通过各种叫声和身体姿势相互沟通。大多数的鹦鹉实行一夫一妻制，它们的忠诚早已被传为美谈：一旦结为夫妇，它们将终身保持结合，不再分离，平时会通过相互啄或捋顺羽毛，以表示对彼此的依恋。

鹦鹉和乌鸦一样，被认为是最聪明的鸟类，它们拥有非常强的记忆力。此外，它们还是长寿动物，虎皮鹦鹉的寿命可以达到 20 岁，大型鹦鹉的寿命可以超过 50 岁，而长寿冠军是一只活了 117 岁的凤头鹦鹉。

1. 非洲灰鹦鹉可以发出各种各样的叫声，它们是鹦鹉中最厉害的演说家，也是才华横溢的模仿者。

2. 紫蓝金刚鹦鹉，翼展达到 1.5 米，身长 1 米，是体形最大的鹦鹉。它们的喙部坚固有力，可以咬碎最坚硬的坚果。

3. 橙翅亚马逊鹦鹉，生活在南美洲，它们属于群居动物，经常集体觅食，一同过夜。

4. 鹰头鹦鹉，原产于亚马逊，每当兴奋或焦躁时，它们会将颈部以上的冠羽展开。

5. 澳大利亚东部的玫瑰鹦鹉，它们的羽毛颜色十分丰富，经常在桉树的树洞里筑巢。

6. 折衷鹦鹉，主要分布在大洋洲，雄性和雌性非常容易分辨：雄性的羽毛为绿色，喙是黄色，而雌性的羽毛是蓝红色，喙是黑色。

7. 米切氏凤头鹦鹉，澳大利亚特有物种。为了向雌性鹦鹉展示自己，威胁敌人或感到危险时，雄性鹦鹉会竖起华丽的冠羽。

8. 鸮鹦鹉是新西兰特有的鹦鹉，它们面盘扁平，属于夜行动物，也是世界上唯一不会飞的鹦鹉。但它们善于攀爬，而且是出色的步行者。

求偶表演

诱惑的艺术

在发情期，许多鸟在交配前，会进行求偶表演，雄性为了在竞争中赢得雌性的芳心，会使出浑身解数。

有的鸟儿身披绚丽多彩的羽毛，这是它们诱惑的资本，可以尽情骄傲地展示；有的鸟儿发挥自己唱歌的天赋，唱起旋律悠扬、曲调多变的协奏曲；有的鸟儿则会跳起技艺高超的舞蹈，或独舞，或双人舞，或在求偶竞技场上群舞。极乐鸟是鸟类中的"芭蕾舞高手"，它们挥动着如烟火般绚丽的羽毛，跳起复杂的舞步，令人叹为观止。还有的鸟儿会在空中尽情展示精湛的飞行技巧，如滑翔、螺旋飞行、垂直向下等。

除此之外，雄鸟还会送礼物给"心上人"可口的食物，像开胃蚯蚓、胖乎乎的毛毛虫、小鱼等，抑或是非常"实用"的筑巢材料，比如一根漂亮的树枝、一块好看的鹅卵石。

当然，还有的鸟儿能建造出巧夺天工的爱巢，甚至还建造出好几个供"心上人"选择，向它们展示自己能工巧匠的一面。

总之，为了吸引雌性，也为了繁衍后代，雄性鸟已经准备好拿出全部的看家本领。下面，我们一起来领略一二吧……

1. 凤头䴙䴘（pì tī）在水上跳起双人芭蕾舞。这对年轻的情侣，面对面，一同游泳，一同潜水，然后一起钻出水面，嘴里叼着植物，前胸贴着前胸，伫立在水中。

2. 在求偶期间，蓝脚鲣（jiān）鸟展开双翅，翘起尾巴，高昂着头，还不停地向"心上人"展示它那双光彩夺目的蓝色大脚。

3. 为了吸引雌性，丽色军舰鸟会大口大口地吸气，使喉囊鼓胀起来，就像一个大气球。然后，展开翅膀，头向后仰，开始跳起求偶舞步。

4. 舞池布置好后，阿法六线风鸟便开始惊艳的舞蹈表演了。它们展开的羽毛围成一圈，好似芭蕾舞短裙，看起来就像一位芭蕾舞女演员。

5. 新几内亚极乐鸟属于多配偶制鸟，雄性聚集在树顶的求偶场，竖起根根红色的羽毛，开始花式杂技表演。

6. 经过一段空中追求，戴胜竖起冠羽，为"心爱的人"献上美食：胖乎乎的毛毛虫、多汁的蝗虫、开胃的蠕虫……

7. 缎蓝园丁鸟通过建造求偶亭以吸引雌性，它们会用蓝色的物件（羽毛、花朵、瓶盖等）来装饰求偶亭的入口，用蓝色果汁和唾液混合物粉刷求偶亭内部，然后跳起舞，邀请美丽的舞伴进入。

8. 为了吸引雌性，雄性蓝孔雀竖起了它那漂亮的尾羽，然后像扇子一样展开。它们开屏的时候，抖动羽毛，发出"沙沙"声。

从黑暗到光明

哺乳动物

灵长目

长鼻目和有蹄动物

啮齿动物

犬科动物和猫科动物

鲸类、鳍足类和海牛目

哺乳动物

从黑暗到光明

让我们一起退回到大约 2.2 亿年前的三叠纪，潜入暮色的黄昏。这时，一些像鼩鼱（qú jīng）一样的小动物正从隐蔽的地方偷偷摸摸地爬出来。它们是最早的哺乳动物，是兽孔目的后代（兽孔目是拥有接近哺乳动物形态的爬行动物）。

它们只有几厘米长，在恐龙面前，仿佛是恐龙脚下的一只小蚂蚁。它们一直生活在这些巨人统治的阴影之下，直到 6500 万年前，一系列灾难降临地球，导致恐龙灭绝。然而，这次危机对于幸免于难的哺乳动物来说，反而是一次意想不到的机会。它们开始多样化演化，身体尺寸逐渐变大，栖息地遍布整个地球：热带草原、森林、沙漠、海洋、冰山，以及陆地水域……

目前，哺乳动物大约有 5300 个物种，共分为三大类：原兽亚纲，它们为卵生动物，包括鸭嘴兽和针鼹（yǎn）；后兽亚纲，又称有袋亚纲，新生儿在育儿袋中发育，如袋鼠和考拉；以及物种数目最多的真兽亚纲，它们的胚胎在母亲体内发育。

哺乳动物最主要的特征是什么呢？那就是雌性拥有乳房或乳腺，用母乳喂养后代，这也是它们名字的由来。哺乳动物是恒温脊椎动物，用肺呼吸，拥有比其他动物更发达的大脑，身体全部或部分被毛发覆盖，口中长有特殊的牙齿。毕竟，在弱肉强食的无情丛林法则之下，最好能拥有一个适合自己的颌部。

1. 鸭嘴兽拥有独特的外观，它们产卵、孵卵，虽有乳腺却没有乳头，幼儿沿着体毛，舔舐乳汁，真是一种有趣的野兽！

2. 澳洲针鼹，原产于澳大利亚，用长长而又有黏液的舌头捕获白蚁或蚂蚁。

3. 如果幼儿长得太大，不能继续待在育儿袋，考拉会把它背在背上。

4. 三趾树懒每天都在忙着做什么呢？它们在忙着将四肢挂在树上，然后舒舒服服地睡上 15 个小时！就连它们交配和分娩的时候，也都保持这个姿势。

5. 长耳蝠，是一种耳朵很长的小蝙蝠（蝙蝠是唯一会飞的哺乳动物）。它们以昆虫为食，最喜欢吃飞蛾。

6. 小臭鼩（qú）是世界上最小的哺乳动物之一，其体重平均为 1.8 克！

7. 九带犰狳（qiú yú）若是受到惊吓，会垂直跳起来，然后逃跑，或蜷缩在地上，将甲壳的边缘插入地下。

8. 中国的大熊猫虽然被归类为食肉目，但它们实际上主要以植物为食，而且几乎只吃竹子。

灵长目
双足行走

　　灵长目"primates"一词来源于拉丁语"primis"和"atis"，意思是"占据首要位置"。在目前的分类中，灵长目动物被分为两种：一种是原猴亚目，包括狐猴、懒猴、婴猴等；另一种是简鼻亚目，包括眼镜猴，分布于新大陆（美洲大陆）的阔鼻下目和分布于旧大陆（亚非大陆）的狭鼻下目，人类所属的人科属于狭鼻下目。

　　简鼻亚目和原猴亚目不同，它们的鼻子和上唇分开。长臂猿和大猿（人科中的黑猩猩、倭黑猩猩、大猩猩和红毛猩猩）没有尾巴。

　　灵长类动物能同时使用两只眼睛，具有双眼立体视觉能力。其手和脚有五指／趾，大拇指和大脚趾和其他指／趾分开，具有较好的抓握能力。指／趾甲代替了爪子（少数灵长目物种除外），呈扁平状。它们胸前有一对乳头，大脑比大部分哺乳动物更发达，而人科（指猿猴）更是因为其拥有的智力而与众不同。

　　灵长类动物移动的方式非常多样：或两腿或四腿行走，或是在地上或沿着树枝奔跑，或是在树丛中跳跃。有的是"指背行走"（用指背来支撑身体，而不是整个脚掌着地行走），有的则依靠手臂在树林间"荡行"（手臂吊在树枝上，从一棵树荡到另一棵树）。

　　灵长目为杂食性动物，更偏爱素食。每个物种都有各自偏好的食物，包括水果、树叶、花朵、蜂蜜、鸟蛋、昆虫和小型脊椎动物等。

1. 如果是在树上和地上两种生活方式中做选择，山地大猩猩更喜欢后者，它们喜欢指背行走。

2. 苏门答腊猩猩喜欢在树枝中"荡行"，每天晚上，它们会用树枝和树叶在树上搭建房子。

3. 当雄性山魈成为首领后，它的鼻子会变成鲜红色，这是它用来引诱雌性的资本。

4. 黑蜘蛛猴长长的尾巴是它们的第五条腿，可以用来抓东西，它们还会凭空翻跟头。

5. 皇柽（chēng）柳猴，属于新大陆猴，它们的婚姻方式为一妻多夫制，一个雌性首领可以和多个雄性进行交配。

6. 雄性长鼻猴的鼻子非常长，而且鼻子越长，越容易吸引雌性。

7. 菲律宾眼镜猴拥有一双大眼睛，它们的头部几乎可以360度旋转，因此拥有极好的视野。

8. 指猴，属于夜间行动动物，它们拥有尖爪，而且第三根指头特别长，可以掏出树皮下的蛀虫。

9. 维氏冕（miǎn）狐猴，马达加斯加特有物种，跳跃是它们的主要行动方式，它们或是跳跃穿行在树丛中，或是在地面上做优雅的跳动。

长鼻目和有蹄动物

大型植食性动物

　　长鼻目动物（Proboscidea）是哺乳动物的一种，因有长鼻而得名，在希腊语中，"proboskis"具有"长鼻"的意思。最早一批长鼻目动物出现在6000万年前，至今，古生物学家已经发现了大约170种长鼻目动物。而如今，这个包括猛犸象和乳齿象的大家庭，只剩下了非洲象和亚洲象。并且，由于象牙偷猎和栖息地被破坏，它们同样面临着消失灭绝的危险。

　　大象是目前世界上最大的陆生动物，它们中的体重冠军来自非洲大草原，一只成年雄性可重达7吨以上。大象的长鼻具有多种功能：感觉、触摸、抚爱幼象，采集高枝上的树叶，吸水、喷水、喷灰尘，抬起树干，以及发出响亮的叫声！

　　有蹄动物（Ungulata）的外文名称来源于拉丁语"ungula"，在拉丁语中，"ungula"具有"趾甲"的意思。不过与长鼻目或灵长类动物不同，有蹄动物并不是一种严格意义上的动物分类，它们是四肢末端长有一层厚蹄（或厚趾甲）的哺乳动物的泛称。脚趾数量为单数的有蹄类属于奇蹄目，而趾数为偶数的属于偶蹄目。

　　许多有蹄动物头上长有角，可用来自卫，防御捕食者，也可以用于与同类争斗，赢得和雌性的交配权。大部分有蹄动物为植食性动物，它们以各种各样的植物为食。多数有蹄动物为群居动物，生活在大大小小的群体中。它们当中有些是伟大的迁徙者，为了找到食物和水源，能够长途跋涉数千千米。

1. 非洲象体形硕大，而且胃口也很巨大。它们每天可以吞下150～280千克的植物，具体数量取决于不同季节。

2. 野生双峰驼生活在蒙古和中国，它们在驼峰中储藏了脂肪，可以在食物匮乏的时候，为其提供能量。

3. 马赛长颈鹿是最高的陆生哺乳动物，其身高可达6米。与其他长颈鹿物种不同，它们的皮毛斑点形似树叶。

4. 㺢㹢狓（huò jiā pí），一种只分布在刚果民主共和国的特有物种，属于侧对步动物，它们在行走的时候，其身体同侧的前后足会同时向前迈出。

5. 旋角羚是一种十分善于跳跃的动物。这种非洲羚羊能够一次性跳跃超过2米高的障碍物。

6. 捻角山羊，起源于中亚山区，是非常敏捷的登山者。雄性的螺旋形角可长达1.5米。

7. 在发情期，驼（tiān）鹿会以鹿角为武器，和其他雄性进行争斗，并发出嘶哑的发情叫声。只有雄性才有鹿角。

8. 北美野牛经常在泥中打滚，在树上摩擦，这是一种消灭皮肤寄生虫的好办法。

啮齿动物
人丁兴旺的大家族

　　啮齿目，拉丁学名为"Rodentia"（意思是"啃、咬"），是一种种类多样性的繁荣群体，主要包括老鼠、跳鼠、松鼠、土拨鼠、草原犬鼠、海狸、豪猪、仓鼠和豚鼠等，占据哺乳动物物种的40%。它们在地球上分布十分广泛，从寒冷的北极草地，到炎热的沙漠，其栖息地遍布全世界除南极洲以外的地方。

　　这类动物的共同点是什么呢？就是上下颌各有一对能终生生长的门齿。所以，为了避免门齿长得太长，它们必须经常啃咬东西，正是因为如此，它们被称为啮齿动物。

　　它们拥有各种各样的生活方式，大部分生活在陆地上，有半水栖、树栖（有的树栖物种可以在空中滑翔），有的则生活在洞穴里（一生或大部分时间都生活在它们挖掘的地道中）。

　　饮食方面，大部分啮齿动物为植食性动物，它们吃的东西包括种子、茎、根、叶、花，但偶尔也会吃昆虫或其他小型无脊椎动物。有些属于食肉性动物，主要食物包括鱼、青蛙、软体动物、甲壳类动物等。

　　啮齿动物属于社会性动物，喜欢群居生活。大部分物种繁殖能力很强，它们中的繁殖冠军是小家鼠，雌性一年甚至可以产下大约100只幼仔。所以地球上有数量如此之多的啮齿动物就丝毫不奇怪了。

1. 更格卢鼠，主要分布于美国加利福尼亚，善于后肢跳跃，因此又被称为"袋鼠鼠"。它们一跃可达2米高！

2. 北美飞鼠，原产于北美洲，不会飞，但会滑翔，因为它们前后肢之间长着飞膜，展开后，就像一顶降落伞。

3. 仓鼠的面颊下有可以扩大的囊袋，被称为颊囊。它们会将食物存在颊囊中，然后搬运到洞里。

4. 每当遇到敌人时，非洲冕豪猪会竖起刺来，把刺刺到敌人的表皮，逼迫它退后。

5. 欧亚河狸把洞穴的出口建在水下，此外，它们还会建水坝、盖水池，以及砍树！

6. 裸鼹（yǎn）鼠，原产于非洲，群居生活在用大门齿挖的地下隧道里。

7. 水豚，世界上体形最大的啮齿动物，重量可达65千克！它们是非常优秀的咀嚼者。

8. 为了度过北极寒冷的冬天，北极地松鼠会长长地睡一觉，冬眠长达8个月。

犬科动物和猫科动物

顶级掠食者

今天的犬科动物和猫科动物有一个共同的祖先，它们的祖先大约出现在 5500 万年前，是一种小型的食肉哺乳动物，生活在森林里，会爬树，外形有点像小斑獴。最早的犬科动物出现在 4000 万年前，而猫科动物诞生于 2500 万年前。

除了南极洲，从冰冻的北极地区到灼热的沙漠，每块大陆都有犬科动物的踪影。在演化过程中，它们拥有了极快的奔跑速度，以及捕捉有蹄类动物的集体狩猎技巧。

它们主要的共同点是：颜面部长，不能伸缩的爪，发达的听觉和嗅觉。

犬科动物懂得团结就是力量的道理，许多物种，如狼和非洲野犬，生活在一个等级森严的群体中，接受一对优势雄狼和雌狼的统治。它们通过叫声相互沟通，如犬吠、尖叫、咕噜声、呻吟声等，伴随这些叫声的是它们表示服从或威胁的姿态。

猫科动物分布在除澳大利亚和南极洲以外的地方，它们中有顶级的掠食者。猫科动物的特点是圆头、大犬齿、可伸缩的爪（少数种类除外）、极佳的视觉和听觉，以及具有极大灵活性的脊柱。猫科动物和犬科动物都是"趾行"动物，它们走路时依靠四肢的趾支撑，而不是脚掌。

无论大小，猫科动物都会使用相同的狩猎技术：埋伏。一旦发现猎物，它们便会静悄悄地缓慢移动，身子贴着地面，耳朵折叠，肌肉绷紧；当离猎物足够近时，它们便跳起来，用前爪抓住猎物，然后给它致命一咬。

犬科动物

1. 貉（hé），来自远东地区，外形长得像浣熊，不过却是犬科动物。当温度非常低的时候，它们会冬眠，也是唯一冬眠的犬科动物。

2. 北极狐，原产于北极地区，可以承受低达 -70℃的温度！它们体毛夏季没有冬季厚，颜色为深灰色或巧克力色。

3. 非洲野犬，狩猎时具有高度组织性，群体的首领选择猎物，并发出攻击的信号，然后所有野犬轮流追赶猎物，以消耗猎物的体力。

猫科动物

4. 欧亚猞猁（shē lì）是独居动物，它们夜间捕猎，狍子和羚羊都是它们最喜欢的食物。

5. 老虎，原产于亚洲，是体形最大的猫科动物。雌虎独自抚养幼虎，它们轻轻咬住幼虎颈部的皮肤，一个接一个地搬走，以保护它们不受敌人的伤害。

6. 猎豹是陆地上奔跑速度最快的动物，最快的时候，它们只需几秒钟就可以加速到 90 千米 / 小时，时速可达 115 千米！

7. 美洲豹是非常厉害的猎人和渔夫，它们的食物广泛，最喜欢的是陆龟和淡水龟。

91

鲸类、鳍足类和海牛目

水生哺乳动物

鲸的学名"Cetacea"来源于古希腊语"kêtos",意思是"大鱼"。在很长一段时间里,这类哺乳动物被错误地归为鱼类。鲸类包括长须鲸、鳁(wēn)鲸、抹香鲸、鼠海豚和海豚等,它们中的有些成员是地球上体形最大的动物,比如蓝鲸,重量甚至达到了170吨,体长可达30米,是生命史上已知最重的动物。

鲸类是陆生哺乳动物的后代,与偶蹄类动物组成鲸偶蹄目。大部分鲸类动物生活在海洋中,也有少数物种生活在淡水中(淡水豚)。须鲸类鲸鱼没有牙齿,但有鲸须(悬垂于上颌,呈梳妆的角质薄片),并通过鲸须过滤磷虾(小型甲壳类动物)等食物。它们游动的时候,会张开大嘴,吞噬的水流过鲸须,而食物却能被鲸须过滤留下来。

鳍足类是半水栖的食肉哺乳动物,包括海豹、海狮和海象。它们是优秀的游泳运动员,也可以在冰面上敏捷地滑动。到了陆地上,海狮和海象可以借助四肢行动,而海豹就没有那么敏捷了,它们只能依靠前肢爬行。

海牛目中的儒艮(rú gèn)是传说中美人鱼的原型,不过看到它们憨态可掬的外形,你就会感叹它们和半人半鱼的美人鱼一点也不像。海牛目是唯一的植食性水生哺乳动物,也因此被称为海牛。它们包括两大类:海牛科和儒艮科,主要生活在温暖的浅海海域,也见于河流中。今天,我们认为它们是长鼻目的近亲。

鲸类

1. 抹香鲸是鲸类潜水纪录的保持者,它们可以下潜至3000米的深海,并可以在水下屏气90分钟!

2. 虎鲸是强大的捕食者!它们最喜欢的猎物是海豹和海狮,而且它们甚至会攻击鲸鱼和海豚!

3. 在发情期,座头鲸会在海浪上跳跃,并且唱起曲调婉转的长歌。

4. 亚马逊河豚,又称粉红淡水豚,分布于南美洲亚马逊河和奥利诺科河流域。

鳍足类

5. 海象的犬齿十分发达,是雌性和雄性共有的特征,这对犬齿既可以用作凿开冰洞的冰镐,也可以充当战斗时的利剑!

6. 南海狮,经常光顾南美洲海岸,它们的鬃毛为它们赢得"海中狮"的称号,不过只有雄性才具备这一特征。

7. 竖琴海豹一胎只生一个,新生儿身披耀眼的白色皮毛,因此又称白毛海豹。

海牛目

8. 安德列斯美洲海牛在水下拍动尾巴,推动自己向前游动。它们生活在沿海海域,但也生活在半咸水和淡水水域。

动物的智慧

会使用工具的动物

我们游历过了各个地质时代，最后让我们一起来到旅程的终点。在此，让我们以动物的智慧为主题，来结束这场美丽的非凡之旅吧。

我们要记住的是，生命之树中最早的一批动物是没有神经系统和器官的，而且不能移动，无法思考，它们只生活在海洋中。而经过数亿年的演化，动物征服了地球，占领了所有的水生和陆生环境，甚至是广袤的天空。

许多物种已经演化出了十分高级的社会行为，并且表现出了令人惊叹的聪明智慧，如集体捕猎、求偶表演、父母对子女的关爱、托儿所、食物存储、互助、筑巢盖房、生存技能、通过游戏学习本领、长距离迁徙等。

有些甚至学会了使用石头和植物工具，甚至对其进行加工。它们这么做的目的是什么呢？当然是为了食物！同时也是为了自卫御敌。棍子和飞石都是驱赶捕食者的好工具，没有什么比树枝和石头更适合的了。

让我们一起看看以下几位聪明的家伙，它们明白工具的使用有助于获取食物。

1. 海獭捕获到双壳软体动物后，会抓一块石头放到自己的胸前，然后抓住猎物往石头上敲击，直到猎物的壳被敲开。

2. 卷尾猴把坚果放在岩石上，然后拿一块石头充当锤子砸坚果。聪明的卷尾猴还会巧妙地施力，使坚果破碎，但不弄坏里面的果肉。

3. 黑猩猩喜欢吃蚂蚁和白蚁，它们会选择一根树枝，捋掉树叶，折断到适当的长度；然后将树枝伸进蚂蚁的洞中，再轻轻地取出来，一口舔掉爬在树枝上的蚂蚁。

4. 达尔文雀会用一根仙人掌刺或小树枝去吸食树洞中的昆虫，如果有必要的话，它们还会对工具进行裁剪。

5. 欧歌鸫（dōng）喜欢吃蜗牛，为了敲碎蜗牛的壳，它们会抓住蜗牛往石头上敲击。

6. 白兀鹫（xù）会高高举起石头，用最大的力气去敲碎鸵鸟蛋。

7. 绿鹭把诱饵（昆虫、面包、羽毛、花朵）丢到水面上，一旦鱼儿"上钩"，它们立即将鱼抓住并吞下去。

8. 射水鱼生活在南亚红树林中，它们的嘴仿佛水枪，射出的"子弹"可以击中岸边的昆虫。射程可达1.5米！

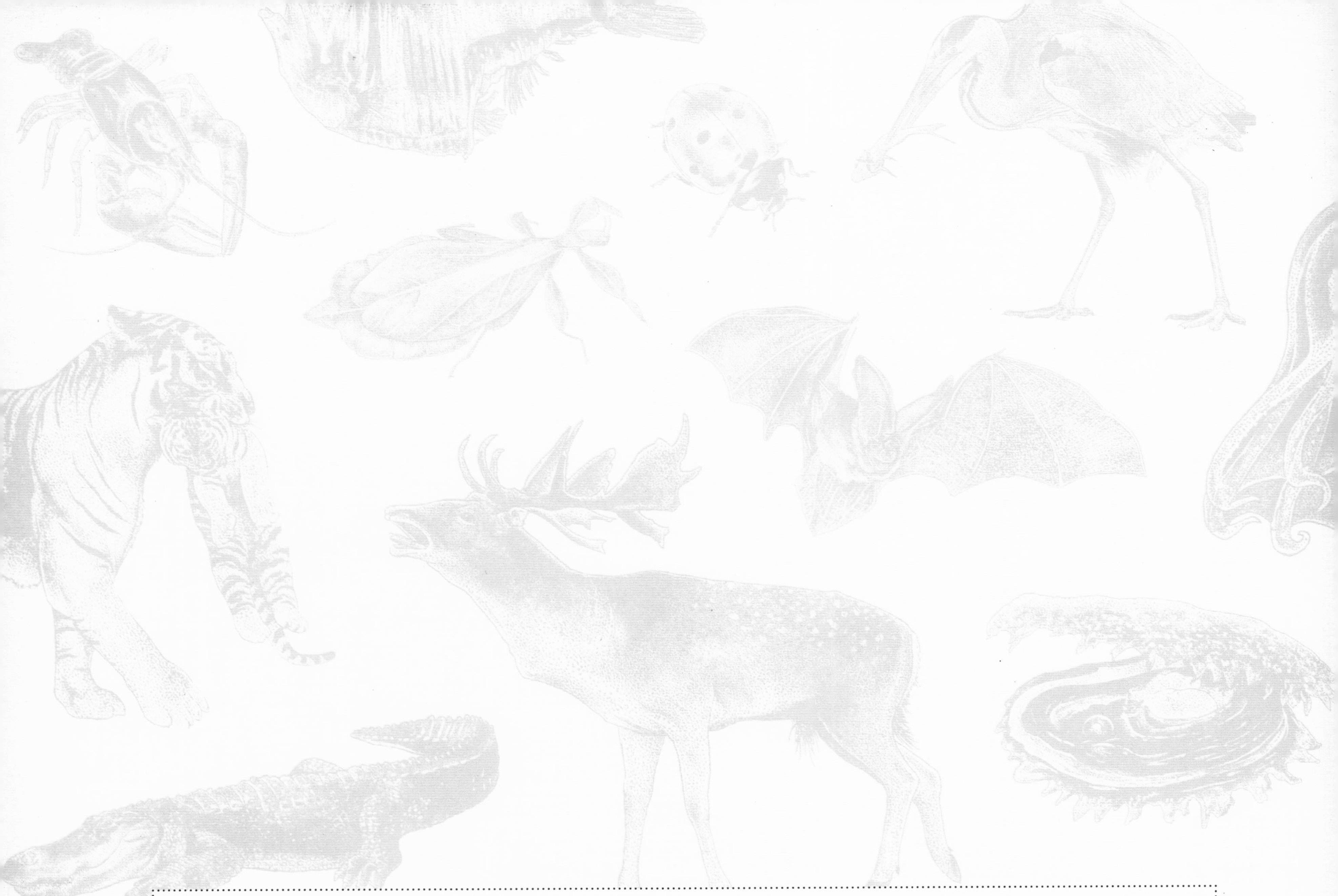

图书在版编目（CIP）数据

动物博物馆 /（法）希尔维 · 贝居埃尔著；（法）克洛蒂尔德 · 帕洛米诺绘；陈明浩译．– 北京：北京联合出版公司，2019.5

ISBN 978-7-5596-2587-8

Ⅰ．①动… Ⅱ．①希… ②克… ③陈… Ⅲ．①动物–儿童读物 Ⅳ．① Q95-49

中国版本图书馆 CIP 数据核字 (2019) 第 070192 号

著作权合同登记 图字：01-2019-1683 号

Designed by Nathalie Dudek

The simplified Chinese translation rights arranged through Rightol Media

（本书中文简体版权经由锐拓传媒旗下小锐取得 Email:copyright@rightol.com）

动物博物馆

项目策划 紫图图书ZITO®

监　　制 黄　利　万　夏

著　　者 [法] 希尔维 · 贝居埃尔

绘　　者 [法] 克洛蒂尔德 · 帕洛米诺

译　　者 陈明浩

责任编辑 李　征

特约编辑 刘长娥　李莲莹

版权支持 王秀荣

装帧设计 紫图装帧

北京联合出版公司出版

（北京市西城区德外大街 83 号楼 9 层　100088）

天津联城印刷有限公司印刷　新华书店经销

145 千字　889 毫米 ×1194 毫米　1/8　14 印张

2019 年 5 月第 1 版　2019 年 5 月第 1 次印刷

ISBN 978-7-5596-2587-8

定价：199.00 元

《昆虫记》作者法布尔又一巨作

法布尔植物记

试读

[法] 法布尔 / 著　　[韩] 秋艺兰 / 编　[韩] 李济湖 / 绘　邢青青　洪梅 / 译

JEAN-HENRI FABRE
La Plante

法布尔眼中的植物世界

◎ 科学家法布尔，文学家法布尔

听说我们在制作这本书，周围人的反应几乎如出一辙："啊？法布尔还写了《植物记》？"惊讶的语言中带着隐隐的期待感，大家都认为法布尔写的植物书籍一定有某些特别的地方。

我们在看到原稿时也非常激动，期待感非常高。直到制作接近尾声的现在，我认为这样的悸动与期待是理所当然的。在整理原稿、绘制图片的过程中，我们在反复阅读这本书，却从未感觉到厌烦。

原因不在其他，正是因为法布尔异于常人的洞察力。在法布尔的眼中，植物世界既不是他的观察对象，也不是他的研究对象。他将世间万事影射到植物身上，看到了它们全新的价值，仿佛将植物当作文学或哲学的对象来看待。

法布尔的《昆虫记》中包含许多实验与观察的内容，看上去像论文一样，但他的《植物记》中却没有那么多的实验与观察。《植物记》可以如此亲切与温和地告知人们，记录植物的形态、机能以及植物的一生的书并不多见。而在讲述植物知识的同时还能够传达人生智慧的人恐怕只有法布尔了。

◎《植物记》是如何诞生的？

法布尔是一位科学家，但他更是一位好父亲。在《昆虫记》中出现频率仅次于"劳动"的词汇就是"家人"。可见他对家人的重视，以及对孩子的疼爱。

法布尔在家中亲自教育孩子，当然他的教育方法与19世纪学校的教育方法大有不同。他尊重孩子与生俱来的好奇心与探索欲，创造了很多科学游戏。

其实，《植物记》这本书是他为孩子写的。在他1864年创作《植物记》的时候，有了5个孩子。法布尔希望将自己所知道的东西通通告诉孩子们，这也成为他创作《植物记》的原动力。

《昆虫记》的创作周期从1879年法布尔56岁开始一直到1907年84岁为止，一共10卷。但《植物记》的出版比《昆虫记》一卷还要早3年，从某些方面看，《植物记》可以说是为《昆虫记》的出世打好了基础。

◎ 关于《植物记》的误会

传闻法布尔在晚年创作《植物记》的时候，没能完成后面的"花与果实"的部分就去世了。这个传闻与事实不符。

但之所以会产生这样的误会，是因为《植物记》不是一次性出版完成，而是分两次出版的。第一本书《树木的历史》出版时间是 1866 年 11 月，法布尔 43 岁的时候。10 年后，法布尔在《树木的历史》的基础上增加了"花与果实"的部分，重新出版。第二本书的名字叫《讲给孩子听的植物故事》，所以人们才会产生这样的误会。

◎ 专为青少年而制作的解析版

这本书的法语版与英文翻译版都写得非常浅显易懂，译制过程中参考的图书已经备注在书后的"参考书目"中。

虽然法布尔的《植物记》是为孩子们而写的，但是书中孩子们读起来难以理解的内容并不少。所以在译制这本书时，我们制订了几项原则，努力让内容读起来更加浅显易懂。

第一，以中小学课本中的内容为中心；第二，遇到课本中没有，而少儿科学读物中经常看到的内容，如果内容比较简单就按照原版翻译；第三，虽然难懂但有必要知道的内容，用简单的语言进行解析；第四，对书中与现在植物学相悖的内容进行纠正。

由于这本书是按照上述四点原则译制的，因此无论是小学生还是中学生都能够轻松地进行阅读。当然，除了青少年之外，想要亲近植物，倾听法布尔声音的人都可以阅读这本书。

书中提及的部分植物并没有采用原稿，而是换成了常见的植物。这样做的原因是考虑到，孩子们可以观察身边随处可见的植物，参照书中的内容进行学习。

另外，还有非常重要的一点就是，法布尔的《植物记》如果不参照图片，理解起来会有一些困难。但是原稿中的例图并不多，即使有也是灰白的，一眼看不出所以然来。所以这本书中的图全部是参照实物重新绘制的，并且不是观察植物某一瞬间的状态，而是经过长时间的观察，拍照搜集资料之后，选择与原稿最相近的植物形态进行绘制。另外，书中还有很多关于植物器官横竖截面的例图，为了重新绘制这些图片也不得不更换植物种类。所以这本书中植物内部的截图也不少。同时，能够在法布尔的《植物记》中使用这样的绘画技法也是非常值得自豪的事情。

◎ 因为法布尔而幸福的人们

在这个世界上，有一件非常神奇又让人忍不住好奇的事情。在松软的泥土中吸收养分的树木是如何长得如此健壮又枝叶茂盛的呢？读过法布尔的《植物记》就能够一点点解开其中的奥秘。

因为有法布尔，我们能够用全新的目光看待植物。协助制作完成这本书的所有人都感受到了这种幸福。法布尔仿佛能够召唤出生命的气息，所有人都工作得十分愉快，没有丝毫的疲倦感。

因为参与制作的缘故，成为这本书首批读者的人，在他们的心中也一定发生了一些改变。有人曾说："法布尔让我知道了，地球上不是只生活着我们人类，还有树木的冬芽也在呼吸成长。"这正是法布尔通过《植物记》送给人们的礼物。现在该轮到各位接受这份爱的馈赠了。

想象一下，我们超越时间与空间坐在法布尔家的庭院里。亲切的邻居大叔法布尔用深邃的眼睛望着我们。当各位开始倾听他所讲述的植物故事时，请大家务必都要珍惜幸福。

2010 年 6 月

秋艺兰 李济湖

叶片形状告诉我们的

　　除了区分叶脉的形状以外，还有许多方法可以对叶子加以区分。比如我们还可以根据叶片整体的形状、数量，上端的形状、下端的形状，边缘的锯齿形状等进行进一步的区分。比如说，以叶片的整体形状为标准就有针形、卵形、椭圆形、匙形、心形、戟形、箭形、肾形、倒卵形、三角形、长三角形、舌形、圆形、线形等。

圆形 菝葜叶

三角形 番薯叶

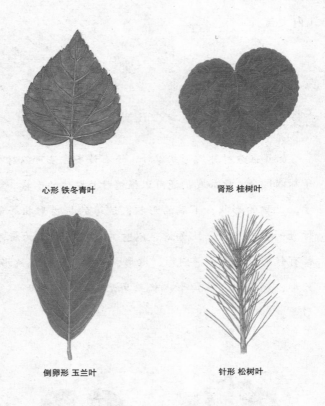

心形 铁冬青叶　　　　　　　肾形 桂树叶

倒卵形 玉兰叶　　　　　　　针形 松树叶

　　按照数量叶片又可以分为单叶与复叶。一个叶柄上只生1片叶子的是单叶，生2片以上叶子的是复叶。比如说，梨树、葡萄树、枫树、银杏树、紫丁香、柳树、月桂树、秋海棠都属于单叶植物。而洋槐树、玫瑰、核桃树、胡枝子、七叶树、合欢树、柚子树都是复叶植物。

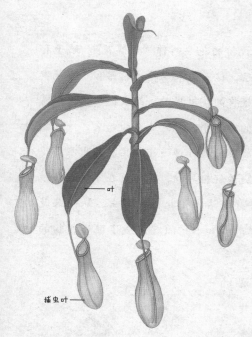

猪笼草

　　分布于婆罗洲、中国南部、中南半岛地区，属于观赏用植物。有的叶子与普通叶子无异，有的叶子顶端吊有一个抓虫子的囊袋。

　　雌花与雄花分别开在不同的树上，属于雌雄异体植物。以东南亚为中心的全世界范围内，共分布有八十余个品种。

叶

捕虫叶

捕虫叶中充满了黏糊糊的消化液，昆虫一旦进入其中就无法逃生。猪笼草利用消化液将昆虫消化，以此来获得其营养成分。

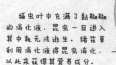

　　捕虫叶的上端还有一个盖子，这个盖子晚上关闭，白天打开。而且下雨天的时候，盖子也会关闭以防止雨水进入。如果昆虫不小心进入这个罐子就无法逃脱出去了，因为罐子内壁上布满了黏液。挣扎着想要逃出去的虫子，耗尽体力之后就掉在了罐子底端。

诱惑昆虫的花朵

依靠昆虫进行授粉的花朵叫作"虫媒花"。蛾子和蝴蝶都有长长的嘴巴，这是用来喝花蜜的器官。当花蜜被藏在长长的吸管模样的花冠里时，昆虫们就用这个嘴巴来喝花蜜。昆虫的嘴巴平时完好地卷曲起来，一旦找到花蜜，它们就会将其舒展开伸进植物里。昆虫在喝花蜜的时候，雄蕊会随着轻轻晃动，花粉落在了蝴蝶或蛾子的身上。像这样身上沾满了花粉的昆虫，从一朵花飞到另一朵花上时，不知不觉间就完成了配送花粉的任务。

既然提到了传送花粉，那就不能不提到蜜蜂。蜜蜂的嘴巴比较短，所以喝花蜜的时候整个脑袋都会埋进花朵里。喝完花蜜，蜜蜂全身都沾满了花粉，自然而然地就完成了花粉的传送。

花粉袋

白车轴草

白车轴草是依靠昆虫进行传粉的虫媒花。蜜蜂浑身蹭满了花粉，储藏在腿部的花粉袋中带走。

❶ 蛾子平时把嘴巴完全卷曲起来。

❷ 为了喝花蜜，把嘴巴舒展开来。

　　这里还有一个有趣的现象。花在盛开之前是不会产生花蜜的，当花粉从花药中飞出来时，植物会产生大量的花蜜。就是说植物在最需要昆虫帮助的时候，也是产生花蜜最多的时候。长出种子之后，植物将不再产生花蜜，变得干涸。

❸ 喝花蜜的时候，卷曲的嘴巴完全舒展开来。

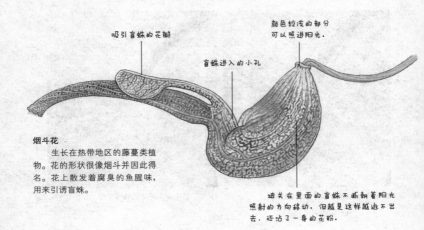

吸引盲蛛的花瓣

盲蛛进入的小孔

颜色较浅的部分
可以照进阳光。

烟斗花
生长在热带地区的藤蔓类植
物。花的形状很像烟斗并因此得
名。花上散发着腐臭的鱼腥味，
用来引诱盲蛛。

被关在里面的盲蛛不断朝着阳光
照射的方向移动，但越是这样越逃不出
去，还沾了一身的花粉。

　　烟斗花的授粉过程十分有趣。在花药开放的前十天
雌蕊就提前成熟了。这时，小小的盲蛛通过像管道一样
的长长的花冠进入花的内部。花冠内部有很多向下生长
的毛，这些毛成为障碍物，使得盲蛛只能一点点进入其
中。而且当盲蛛想要重新出来的时候，这些毛也会阻挡
它，令它无法出去。

　　在盲蛛想尽办法出去的时候，花药打开，花粉掉在
了柱头上完成了授粉。那么盲蛛什么时候才能出来呢？
等到花冠凋零，毛变得柔软的时候，盲蛛才能够从中逃
脱出来。

有的花为了有效地将昆虫引入花冠的更深处，在花瓣上做了向导的标志。因为这个标志需要足够鲜艳，所以一般采用橘黄色或黄色等鲜明的颜色。植物用颜色明确地告诉昆虫们它们应该去向哪里。

　　日本活血丹的花冠上有紫色的斑点。这些斑点就是用来吸引蜜蜂的向导标志。蜜蜂看到这些斑点就会在花瓣上安全着陆，然后跟随斑点进入花冠的深处，在这期间沾满一身的花粉，完成授粉。

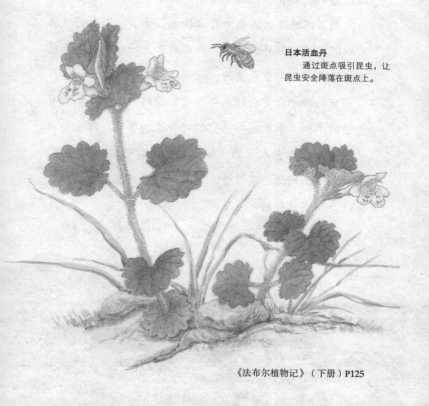

日本活血丹
　　通过斑点吸引昆虫，让昆虫安全降落在斑点上。

需要水或动物帮助的种子

有些种子是依靠水来旅行的。这些种子被很好地保护起来，不受水的侵蚀。生长在热带地区岛屿上的椰子，就是把自己的种子放了坚硬的外壳里。

这结实的种子会随着坚硬的外壳浮在水面上，不会发霉也不会腐烂，可以长时间随着波涛流浪远方。种子们乘着波涛从一个小岛旅行到另一个小岛，等到达陆地时，它们就会在新的土地上生根发芽。

而且不只是大海里才有水的哦。生长在山上的植物可以顺着雨水到外面旅行。开在水面上的神秘的莲花也是将果实送到水中来播种。

有的种子需要动物来帮助它们播种。有的植物长有坚硬的倒钩、刺或绒毛，它们将种子钩在羊或野生动物的皮毛上，甚至人类的衣服上。生长在路边的狼尾草、尖叶长柄山蚂蟥、苍耳子、鬼针草的果实都是靠这种方式进行秘密旅行的。

椰子

果实因为重量的关系，只能掉在树底下。但是有的时候它们也可以借助鸟儿或哺乳类动物的力量去远方旅行。事实上，这类果实为了吸引鸟类和哺乳动物的注意力，大多"浓妆艳抹"，色泽鲜艳，而且以红色居多。果实进入鸟类和哺乳动物的肠胃之后，只有果肉的部分会被消化掉。种子因为有坚硬的外壳保护，所以经过胃肠的洗礼也依然毫发无损。等到鸟类或哺乳动物将种子随排泄物排出体外时，种子才开始准备发芽。

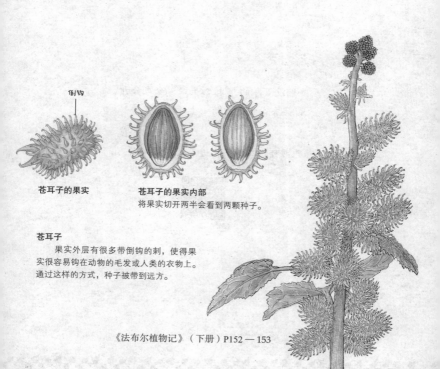

倒钩

苍耳子的果实

苍耳子的果实内部
将果实切开两半会看到两颗种子。

苍耳子
　　果实外层有很多带倒钩的刺，使得果实很容易钩在动物的毛发或人类的衣物上。通过这样的方式，种子被带到远方。

埋没百年的"植物圣经"全文公开，
法布尔讲述植物一生的美丽故事！

购书可扫二维码，进入紫图图书微店。